AF469460

ESSAI

SUR

L'HISTOIRE NATURELLE

DES ROCHES

DE TRAPP.

Si dans le regne des êtres organiſés , où les formes ſpécifiques ſont déterminées par des germes , il eſt ſouvent difficile de marquer les limites des eſpèces; combien la fixation de ces limites ne doit·elle pas être plus difficile encore dans un règne où la ſeule force de cohéſion réünit les élémens , quelle que ſoit leur nature , & dans quelque proportion que le hazard les raſſemble. *Sauſſure, voyage dans les Alpes, tom. II. p. 606.*

ESSAI

SUR

L'HISTOIRE NATURELLE

DES ROCHES

DE TRAPP,

Contenant leur analyſe, & des recherches ſur leurs caractères diſtinctifs ; ſuivi du tableau ſyſtématique de toutes les eſpèces & variétés de trapps & des roches qui ont pour baſe cette pierre.

Par M. FAUJAS DE SAINT-FOND.

A PARIS,

RUE ET HOTEL SERPENTE.

1788.

ESSAI
SUR LES ROCHES
DE TRAPP.

CHAPITRE PREMIER.

DES TRAPPS EN GÉNÉRAL, ET DE LEURS DIFFÉRENTES SYNONYMIES.

LA partie de la Suéde où les premiers trapps ont été connus & décrits d'abord par Cronsted, ensuite par Wallerius & Linné, est sur la montagne de *Hunne-berg*, dans la *Westrogothie*.

Cette pierre offre des variétés dans son grain, dans sa dureté, dans sa couleur, dans la maniere dont elle est

A

disposée sur les lieux où elle existe,
car tantôt elle est en filons, & ces
filons que les Anglois ont nommé
chanels, traversent & coupent indiffé-
remment des montagnes de porphires,
des montagnes de granits, ou existent
au milieu des schistes argilleux, ou des
pierres calcaires; tantôt le *trapp* se
présente en masses considérables, qui
forment des especes de collines avec
des fissures verticales; souvent cette
pierre est divisée en table ou en feuillet plus ou moins épais, qui offrant
dans quelques circonstances, des especes de marches ou de gradins, ont
donné lieu aux Suédois de la nommer
trapp ou *trapas*, escaliers.

L'on trouve quelquefois le *trapp*
divisé en prisme, de même que le
basalte, & il est d'autant plus facile
alors de le confondre avec une lave,
que ce trapp prismatique, étant souvent mêlé de globules de spath cal-

caire qui ont été détruits , les cavités qui en réfultent dans une pierre auffi noire & auffi dure , donnent l'idée d'un véritable bafalte prifmatique poreux , ce qui a induit quelques naturaliftes en erreur.

Cronfted a défini le *trapp , Saxum compofitum jafpide martiali moli feu argilla martiali indurata.* n. 267 , p. 273 , de l'édition fuédoife , car celle publiée en françois ne vaut abfolument rien , ou pag. 880 , tom. 2 , de l'édition angloife de 1788 , qui eft bonne.

La même pierre , lorfqu'elle eft très-dure , eft décrite par Wallerius fous la dénomination de *corneus trapezius , niger folidus , lapis lydius fubtiliffimis & vix confpicuis conftat particulis eleganti atro colore , polituram fufcipit pulchram.* tom. 1 , pag. 362 , édit. de 1772.

Corneus durus particulis minimis terreis in fragmenta cubica , vel rhomboidalia fiffus , corneus trapezius fpec. 172.

A 2

Le mot *trapp* ne vaut guère mieux que celui de pierre de corne, dénomination idéale qui n'a fervi qu'à induire en erreur, & cela arrivera toujours, lorfqu'en voulant créer des mots, on s'attachera à des caracteres variables, à des modifications, ou bien à un fens hypothétique, car il arrive, après cela, que le caractere étant incertain, & l'hypothefe fouvent trompeufe, la fcience eft embarraffée d'obftacles, & l'on eft obligé pour les écarter, de perdre plus de tems à l'étude des mots qu'à celle des chofes.

Si le nom de *trapp* ne fignifioit abfolument rien, il feroit très-bon, puifqu'il eft admis, car les mots fimples qui ne renferment intrinféquement aucun fens, font ceux fur lefquels il s'éleve le moins de doute, l'univerfalité des fuffrages leur ayant donné une acception que tout le monde entend.

Cependant comme peu de gens s'attacheront à chercher la définition originaire du nom suédois, il eſt bon de laiſſer ſubſiſter le mot de *trapp*, qui nous apprend d'ailleurs que les premieres pierres qui ont porté ce nom ont été reconnues & trouvées en Suéde.

Mon intention eſt de chercher dans cet eſſai à lever toutes les équivoques ſur ce genre de pierre, afin que ceux qui ſeront bien aiſe d'en faire une étude particuliere, ne les confondent plus avec les baſaltes ou avec d'autres pierres volcaniſées, & que d'autres ne les rangent pas dans la claſſe des rochers de ſchorls à grain plus ou moins fin, &c.

Je vais rapporter les ſynonymies des véritables *trapps*; cette partie ingrate de mon travail, a exigé des recherches & des voyages, mais elle étoit indiſpenſable; il me ſemble qu'on ne pourra bien connoître certains genres de pierre qu'en les envisageant ainsi féparément, & en donnant, pour ainsi dire, leur hiftoire complette.

M. D'Elhuyar, habile naturalifte Efpagnol, qui arrivoit de Suéde en 1783, & qui après avoir eu de fréquens entretiens à Upfal avec Wallerius & Bergman, avoit vifité avec foin toutes les montagnes où l'on trouve des trapps en Weftrogotie, voulut bien me donner une collection de ces trapps, qu'il accompagna de détails fatisfaifans fur la pofition de ces pierres.

D'un autre côté, meffieurs *Groschke*, de Riga, & *Schiameling*, qui connoiffoient les trapps de leurs pays, & qui ont vu chez moi la collection que je tenois de M. D'Elhuyar, ainfi que les notes qui l'accompagnoient, ont été du même avis que ce fçavant naturalifte Efpagnol, qui n'a jamais regardé, ainfi que moi, les trapps comme des produits du feu.

Le trapp a d'autres noms vulgaires en Suéde.

Les fabriquans de bouteille, qui le font entrer dans la compofition de leur verre, pour lui donner une belle couleur noire, l'appellent *trappskoil*, *zegelskoil*. A Jarlsberg, en Norwege, il eft appellé *blabeft*.

Le *trapp* eft nommé en Allemagne *fchwartzftein*, *pierre noire*.

Les mineurs du Derbifhire ont donné au trapp & aux variétés de cette pierre, très-commune dans cette partie de l'Angleterre, différens noms.

A *Tidefwel*, le trapp eft appellé *chan-nel*, c'eft-à-dire *ruiffeau*, parce qu'il fe trouve en maniere de filon, ou en efpece de courans dans la roche cal-caire, ou dans d'autres matieres.

A *Buxton*, à *Matlock* & à *Winfter*, il eft nommé *toad-ftone*, *pierre de cra-peau*, parce que le trapp y eft mêlé de globules de fpath calcaire, &

comme ce spath y forme des taches assez uniformes , & quelquefois protuberantes , il a plu aux mineurs du pays de lui donner le nom de *pierre de crapeau , toad-stone.*

A *Castleton* , le trapp est connu sous la dénomination plus singuliere encore de *cat-dirt.* (merde de chat.)

A *Ashover,* dans la mine de Gregori, *blackclay.* (argile noire.)

C'est sur les lieux mêmes , & en m'adressant aux mineurs les plus exercés , que je me suis procuré cette exacte mais singuliere nomenclature.

En Ecosse , le nom de *whin-stone* est donné en général aux pierres noires, dures, âpres au toucher , & difficiles à tailler.

Lorsque j'ai demandé , étant à Edinburgh , aux ouvriers & à des sçavans qui ne sont pas sans connoissance en histoire naturelle du *whin-stone,* on m'a apporté d'une part un véritable trapp noir , dur , étranger aux volcans ; de l'autre une lave compacte , noire , gra-nitoïde , dont on fe fert très-avanta-geufement pour faire des pavés ; à *Glafgow* le whin-ftone eft un véritable bafalte produit par le feu. Ainfi ce mot ayant plufieurs acceptions doit être rejetté.

Les trapps mêlés de fpath calcaire , que roule le torrent du *Drac* , en Dau-phiné , & dont la plupart font des *toad-ftone* , femblables à ceux du *Der-bishire* , ont été appellés par plufieurs naturaliftes françois *variolites du Drac* , à caufe de leurs taches occafionnées par des globules de fpath calcaire , & quelquefois par des nœuds de fteatites un peu protuberans ; mais il faut ban-nir ici le mot de *variolite* , qui appar-tient exclufivement à une pierre diffé-rente que roule le torrent de *Servieres* , dans les Alpes de Briançon , d'où elle eft enfuite tranfportée dans la Durance ,

où elle est connue sous le nom de *variolite de la Durance.*

CHAPITRE II.

DE LA POSITION LOCALE DE DIFFÉ-RENTES ESPECES DE TRAPP.

Des trapps de Suéde.

LE trapp est disposé dans les montagnes de la Suéde & de la Norvége en
filons horisontaux, plus ou moins
inclinés, coupant en divers sens des
montagnes à mines, tantôt granitiques, tantôt composées de schistes
gris ou noirs micacées ; ces fillons
traversent aussi quelquefois des montagnes de pierre calcaire à grain salin,
comme à *Salberg.* Ils sont plus ou
moins épais, depuis un pouce jusqu'à
plusieurs toises.

C'est dans les grands fillons qu'on

trouve plus particuliérement le trapp divifé en tables, en efpeces de marches ou efcaliers.

Le trapp fe trouve auffi quelquefois en roche, & le fommet des montagnes qui en font compofées eft tantôt difpofé en cône avec des fiffures verticales, comme à *Kinnekulle*, tantôt en plateaux, fur quelques-uns defquels il y a des lacs, comme à *Hunneberg*, en Weftrogothie. On trouve auffi des trapps de différente dureté, & d'un grain plus ou moins fin, avec des variétés dans les teintes, à *Hogkullen*, à *Salberg*, à *Weftfilfwberget*, à *Fleboklefw*, &c.

« On trouve, dit Bergman, du trapp
» fous la forme de prifme triangulaire,
» mais rarement ; quelquefois il ref-
» femble à d'immenfes colonnes, telles
» font les *tracleftemar*, au pied de la
» montagne de *Hunneberg*, vis-à-vis
» de *Bragnum*, qui fe font féparés du

A 6

» reste de la masse ; lorsque je les vis
» pour la premiere fois en 1759, elles
» formoient un angle d'environ huit
» degrés avec l'à-plomb ». *Lettre de*
M. Bergman à M. de Troil, *pag.* 448
des lettres sur l'Islande, *traduct. françoise.*
Ce célébre chymiste ne regardoit pas
avec raison le trapp comme un produit
du feu : voici de quelle maniere il
s'exprime à ce sujet.

« Presque dans toutes les montagnes
» disposées par couches, qui se trou-
» vent dans la Westrogothie, la couche
» supérieure est de trapps, il est inté-
» ressant d'observer que cette couche
» est toujours placée sur une ardoise
» noire, d'alun; est-il donc possible
» que cette matiere, qui en beaucoup
» d'endroits occupe un espace de plus
» de deux cens pieds, ait pu être par-
» faitement fondue, sans que l'ardoise
» de dessus, même dans leurs points de
» contact, ait rien perdu de sa noirceur,

» effet que peut produire un feu très-
» ordinaire. Nous avons un trapp en-
» core plus fin, qui fe trouve ordinai-
» rement dans des filons, & fouvent
» dans des très-anciennes montagnes,
» où on ne découvre pas la moindre
» trace du feu fouterrein ». *Ibid.*

Des trapps d'Ecoffe.

C'eft fur la grande route de *Cornhill*
à *Edinburgh*, près du village de *Tirlefton*, du côté droit du chemin, qu'il
exifte une fuite de montagnes compofées d'un mauvais porphyre, où le
trapp abonde : c'eft fur - tout auprès
d'un pont & d'un moulin nommé
Doodmill, qu'on a la facilité d'obferver de vaftes filons de trapp, lavés
par une eau limpide, qui fe précipitant
en cafcade, a mis en évidence & au
grand jour une fuite de filons remarquables qui courent en divers fens,

dont les uns ont une difpofition prefque horifontale , tandis que d'autres
font dirigés verticalement à côté de
ceux-ci, ou quelquefois décrivent des
lignes di gonales.

Cette difpofition en apparence con-
tradictoire, offre à ceux qui s'occupent de l'étude des montagnes, & des
matériaux divers dont elles font formées , un tableau d'autant plus remarquable , qu'on a la facilité de voir ici
de belles variétés de trapp , & d'obferver leur rapprochement ou leur
mélange avec d'autres pierres.

L'obfervateur doit porter principalement toute fon attention fur cette
fuite de bancs dont l'inclinaifon rapide
fe dirige vers le chemin, & fur lefquels
la petite riviere a établi fon lit; on y
diftinguera bientôt des couches paralleles plus ou moins épaiffes , fe divi-
fant naturellement en rhomboïdes ,
ou en paralellogrames, qui imitent des

degrés ou marches d'escaliers ; ce beau trapp ainsi divisé en tables , est dur , pesant, à grain fin & sec, d'une couleur noire un peu bleuâtre, ne fait pas mouvoir le barreau aimanté , & ne produit pas la plus légere effervescence avec les acides ; il est un peu moins dur & moins pesant que le basalte , auquel il ressemble beaucoup , mais il n'existe ici aucune trace de volcan.

Ce qu'il y a de remarquable , c'est que les tables de trapp dur dont je viens de faire mention , sont quelquefois interrompues par des couches intermédiaires qui ont la même direction ; ces couches , qui n'ont guère plus de cinq à six pouces d'épaisseur , sont formées quelquefois par un trapp beaucoup plus fin , dont le grain est doux, & paroît argileux ; plusieurs de ces lits intermédiaires ne sont même composées quelquefois que d'une matiere argileuse noire , peu dure , qui se

délite par feuillets très - minces , &
mêlée de quelques molécules fines de
mica.

Les lits de *trapp* dur ont deux, trois
& jusqu'à quatre pieds d'épaisseur en
général ; il y en a cependant quelques-uns de si minces , qu'ils n'ont
qu'un à deux pouces.

Le trapp , dans quelques parties des
couches les plus épaisses , est divisé
en prisme , mais ces prismes font peu
réguliers.

En fuivant l'efcarpement des collines porphyriques qui bordent le
chemin, on voit divers filons de *trapp*
dur & noir , à découvert au milieu
d'un porphyre en décompofition, dont
ils coupent la masse : quelquefois les
tables de *trapp* dur & noir ont pour
gangue une argile feuilletée, grife ou
verdâtre , tantôt ils font au milieu
d'un trapp grossier gris , brun ou couleur de rouille de fer, dont la contex-

ture reſſemble à celle d'un grès grof-
ſier, quoi qu'il n'y ait point de matiere quarzeuſe apparente dans cette
pierre.

Je ferai mention dans un chapitre
particulier de toutes les autres eſpeces
& variétés de trapp de *Doodmill* & de
Chanelkirk inn, & des environs de
Tirleſton, de celles du *Derbyshire*, &
des autres lieux que j'ai à faire connoître, & que j'ai viſités moi-même.

Des trapps du Derbyshire.

C'eſt à Buxton où j'ai été à portée
d'obſerver les premiers trapps du *Derbyshire*. M. *Whitehurſt*, dans ſa théorie
de la formation de la terre, a donné la
coupe exacte de pluſieurs de ces filons
de *trapp*, qu'il a pris très-mal-à-propos
pour des laves; le docteur *Pearſon* a
fait auſſi mention de ceux de *Buxton*,
dans un ouvrage qu'il a publié ſur les

eaux minérales de cette petite ville,
& il est tombé dans la même erreur
que M. *Whitehurst*.

Les environs de Buxton sont semés
de collines & de montagnes calcaires,
pleines d'entroques & de quelques
coquilles pétrifiées. La petite riviere
d'*Wye* coule au pied de l'éminence sur
laquelle la ville est bâtie ; en descen-
dant vers son lit, situé entre deux collines très-rapprochées, on voit suc-
céder à la roche calcaire supérieure,
quelques couches plus ou moins
épaisses d'un schiste argilleux très-noir,
qui se delite par feuillets, & en especes
d'écailles qui n'ont tout au plus qu'un
pouce ou un pouce & demi d'épaisseur;
ce schiste argileux étant mêlé de
quelques points pyriteux, s'effleurit à
l'air, & il en résulte un peu de vitriol
de mars que les pluies délavent & en-
traînent. Les mineurs du *Derbyshire*
nomment ce lit de schiste noir ou l'argile domine, *shale* ou *shiffer*.

En suivant la couche de *shiffer*, qui n'a que deux pieds & demi dans son épaisseur moyenne , & disparoît de tems en tems sous les décombres de la colline , on arrive à un moulin éloigné tout au plus d'un demi mille de la ville ; c'est tout auprès de ce moulin, & au bord du petit chemin qui est sur la rive gauche de la riviere de *Wye*, qu'on apperçoit un filon de *trapp* de deux pieds d'épaisseur , qui paroît sortir de la base de la roche calcaire en s'inclinant rapidement vers la riviere ; ce filon traverse le chemin, & paroît se perdre sous l'eau.

Ce trapp est un véritable *toadstone*, d'un noir tirant un peu sur le brun ; il est semé de globule de spath calcaire blanc, & ces globules ayant été ordinairement détruits sur les parties, exposées à l'air, ont laissé des cellules, qui donnent à ce trapp une apparence de lave poreuse, très-propre à induire en erreur le naturaliste qui verroit des morceaux pareils dans un cabinet.

Je demandai au docteur *Pearson*, qui me fit l'honneur de m'accompagner, si c'étoit-là où se bornoit le filon de trapp dont il a fait mention dans son ouvrage sur les eaux de Buxton (1), & il me répondit qu'il ne l'avoit pas suivi plus loin; mais appercevant alors une petite isle d'environ trente pieds de largeur, sur une longueur de deux cens cinquante pieds, entre deux bras de la riviere, je crus reconnoître que cette isle qui ne s'élevoit guère que de trois pieds au-dessus de l'eau, n'étoit absolument composée que d'une pierre qui paroissoit avoir la couleur du *toadston :* je traversai sur le champ une partie du ruisseau pour me rendre sur

---

(1) *Observations and experiments on Buxton water , Matlock water ,* &c. London. *Printed By Johnson S. Paul Church yard.*

cette ifle , que le docteur *Pearfon* n'a-
voit pasexaminée, & je vis avec plaifir
qu'elle n'étoit abfolument formée que
par un dépôt horifontal de *toadfton*,
que la riviere avoit mis à découvert
dans les grandes inondations ; cette
couche de trapp a deux pieds & demi
d'épaiffeur, & toute la partie qui limite
la riviere, & y forme un petit efcarpement, eft divifée en prifme quadran-
gulaires & pentagones, auffi réguliers
que les prifmes de bafaltes les plus
parfaits ; en un mot c'eft une véritable
petite chauffée des géants en pierre de
trapp ; & ce qu'il y a de bien remarquable, c'eft que comme on trouve
quelquefois des bafaltes en boules à
côté, des prifmes, & que quelquefois
même ceux-ci, en perdant leurs angles,
donnent naiffance à des boules qui
paroiffent fortir des prifmes , de même
ici le trapp affecte la forme fphérique
dans quelques prifmes , & ces boules

se delitent par feuillet, comme celles de certaines laves compactes.

Les prismes & les boules de trapp de la petite isle sont en partie dans un commencement de décomposition, & la matiere n'en est pas à beaucoup près aussi dure que celle du trapp sain, à grain vif & noir.

Celui-ci est de couleur brune, & quelquefois d'un gris de fer jaunâtre mêlé, dans quelques parties, d'une multitude de globules de spath calcaire, dont la couleur participe souvent un peu des teintes produites par la décomposition de ce trapp, & cette belle couche de trapp, dont une partie est divisée en prisme, repose sur un lit d'une matiere friable & graveleuse, qui n'est elle-même que le *toad-ston* décomposé, & comme réduit en sable & en terre.

Il faut convenir que rien n'a autant l'apparence volcanique que cette petite ifle de *Toad-fton* ; car l'on voit ici d'une part, une efpece de courant de trapp qui, après avoir coupé & traverfé la roche calcaire, s'enfonce enfuite dans la petite riviere d'*Wye*, & paroît avoir donné naiffance à cette ifle, entiérement compofée d'une matiere qui, à la couleur & l'afpeÆt de certaines laves, criblées de pores, dans les parties où les globules de fpath calcaire ont été détruits, & qui en outre eft configurée en prifme & en boule ; cependant rien n'eft volcanique ici, ni dans les environs, l'on fent par-là combien les defcriptions locales faites avec exaÆtitude, font utiles en hiftoire naturelle, & quel avantage étonnant a celui que l'amour véritable de la fcience conduit fur les lieux.

Des trapps de Caftleton.

La diftance de *Buxton* à *Caftleton* eft

de douze milles ; on peut faire ce voyage en voiture, mais c'est en traversant une des plus tristes solitudes, sur un plateau élevé, stérile & inculte, où la roche calcaire antique est à découvert de toute part dans cet espace ; l'on ne voit même la petite ville de *Castleton* qu'au moment, pour ainsi dire, où l'on y arrive par une descente rapide & profonde, entre deux rochers élevés, qui paroissent avoir été anciennement séparés par quelque grande secousse de la nature.

Les montagnes voisines, presqu'attenantes à Castleton, sont riches en mines de plomb, dont les filons environnés ou mélangés de beaux spaths cubiques, existent au milieu de la roche calcaire. Le docteur *Pearson*, qui avoit bien voulu m'accompagner dans ce voyage, m'ayant parlé d'un nommé *Elias Pedley*, mineur de profession, qui vend des morceaux de choix

choix pour les cabinets ; nous nous rendîmes chez lui ; j'achetai une collection des mines du pays, & lui ayant demandé s'il connoiffoit le *toad-fton* & le *cat-dirt*, & s'il en exiftoit quelques couches dans le voifinage, il me répondit qu'il connoiffoit très-bien le *cat-dirt* ou *chanel*, & qu'il favoit ce qu'il lui en avoit coûté depuis peu, pour en avoir rencontré un filon dans une gallerie de mine qu'il avoit ouvert à fes dépens, & où le minerai étoit dans le chanel même. Je lui propofai de nous y conduire, en lui promettant une gratification, fi la chofe étoit telle qu'il l'annonçoit ; ayant donc pris des marteaux, & quelques inftrumens de mineur, il nous dit de le fuivre ; nous nous rendîmes du côté de l'eft, à un mille de diftance de *Cafleton*, en fuivant l'efcarpement de la montagne, par un

B

fentier élevé d'environ deux cens pieds fur la plaine.

La montagne eſt en général calcaire, diſpoſée dans quelques parties en banc, mais le plus fouvent en grandes maſſes continues, comme le font ordinaire‑ment les roches calcaires les plus an‑tiques; les corps marins font très‑rares dans celles‑ci, & je n'y ai re‑connu que quelques fragmens d'en‑troques , & quelques térébratules; cette montagne , aſſez élevée, ren‑ferme des mines de plomb , de la cali‑mine, & en outre une ocre brune très‑ferrugineuſe, qui mêlée avec de l'huile, a la faculté , au bout d'un certain tems , de s'enflammer ſpontanément.

Elias Pedley nous conduiſit à la porte de la gallerie horiſontale de ſa mine , la roche calcaire en couche étoit en évidence dans cette partie , & un petit filon de plomb dans une veine de ſpath calcaire , mélangé de ſpath cu‑

bique, fe manifeftoit au jour ; cette indication fuffifante dans une montagne à mine, détermina *Elias Pedley*, & quelques affociés, à attaquer ce filon ; mais à peine eurent-ils fait une tranchée de dix à douze pieds de longueur, que la pierre calcaire difparut, & le trapp lui fuccéda.

Or comme jufqu'alors on n'avoit point d'exemple de l'exiftence de la plus légère veine métallique dans une pierre auffi ftérile, on auroit difcontinué fur le champ le travail, où l'on auroit évité le *chanel*, fi le même filon de galine qui s'étoit montré dans la roche calcaire, n'avoit continué à fe manifefter dans le trapp même, ce qui parut une efpèce de phénomène aux ouvriers, qui féduits par cette apparence, continuerent à fuivre le minerai dans le *chanel*, jufqu'à la longueur horifontale de quatre-vingt-dix pieds, efpérant toujours que le filon qui

n'avoit jamais plus d'un pouce d'épaiffeur dans cette matière , pourroit
augmenter de volume ; mais ce trapp
étoit d'une fi grande dureté dans l'intérieur de la mine , & occafionnoit une
dépenfe fi confidérable fans bénéfice ,
qu'*Elias Pedley* me dit qu'il étoit à la
veille d'y renoncer.

La couche horifontale de trapp dans
la direction de laquelle on creufoit en
fuivant le petit filon de plomb, n'a
guère que fix pieds d'épaiffeur fur fix
à fept pieds de largeur , & il eft probable qu'elle s'étend à une beaucoup
plus grande longueur que celle de 90
pieds où l'on étoit déja parvenu ; cette
couche de trapp ayant été attaquée par
la tête.

Le trapp n'eft connu à *Caftleton* que
fous le nom de *chanel* ou *cat-dirt* , &
cette dernière dénomination lui vient
de ce que plufieurs morceaux ont une
couleur gris de fer verdâtre ; l'on en

trouve auffi d'un brun noirâtre, avec quelques veines de fpath calcaire blanc. Quant aux globules du même fpath, fi abondans dans le *trapp*, il en exifte peu dans le trapp *cat-dirt*, du moins dans celui de la mine dont il eft quef-tion ; quoique cette efpèce de trapp foit très-dure dans le filon, néanmoins lorfqu'elle a été foumife pendant quel-que tems à l'action de l'air, du foleil & de la pluie, elle devient friable à la longue, & fa couleur s'altère (1); il eft probable que c'eft à des points py-

______

(1) L'on trouve fur la même montagne, & plus près de *Cafleton*, une mine exploitée, & les pierres qu'on en a retiré, & qui font à l'extérieur du puits, offrent des amas de *trapp* provenus d'un percement fait dans cette ef-pèce de pierre ; j'y ai vu plufieurs morceaux de *trapp*, *cat-dirt*, qui étoient devenus très-blancs à l'air, fans avoir perdu leur dureté, tandis qu'à côté de ceux-ci il y en avoit qui étoient réduits comme en une pâte argilleufe blanche.

B 3

riteux invisibles, disséminés dans ce trapp que cette décomposition est due; la *galene* existe incontestablement dans cette couche horisontale & profonde de *cat-dirt*, & fait une exception à ce qui avoit été observé jusqu'à ce jour dans les mines du Derbishire voisines du trapp, où cette pierre coupe immédiatement les veines métalliques, & forme ce qu'on appelle en terme de mineur *barremens*, de maniere qu'on est toujours obligé de percer le banc de *trapp*, pour retrouver le filon perdu, qui reparoît dès qu'on est parvenu à la roche calcaire recouverte par le trapp; aussi attaque-t-on toujours verticalement & par des puits ces mines.

Celle d'*Elias Pedley* étant au contraire ouverte en gallerie, il suivoit horisontalement le *trapp*, ce qui, selon toute apparence, l'auroit conduit très-loin, & infructueusement, le filon de mine n'étant pas plus gros que le pouce ; mais le plomb n'en exifte pas moins ici dans le *trapp* même , & cette circonftance remarquable & fingulière excufera la longueur des détails dans lefquels je fuis entré ; elle eft propre à démontrer à quelques perfonnes qui voudroient s'obftiner encore à regarder le *trapp* comme un produit du feu , combien cette opinion eft infoutenable.

Des trapps des montagnes de Chaillot-le-Vieil , dans les Alpes du Champfaur , en Dauphiné.

L'exiftence du *trapp* & de fes variétés , à une hauteur de 1400 toifes fur le niveau de la mer , mérite affez l'attention des naturaliftes , pour qu'on excufe les détails un peu longs dans lefquels je fuis obligé d'entrer néceffairement pour faire connoître des lieux remarquables par les recherches de M. le chevalier de la Manon , qui avoit cru y reconnoître un volcan éteint , le premier & le feul dans les Alpes , fi l'affertion de ce naturalifte eût été confirmée.

Il faut pour fe rendre fur les lieux , en partant de Grenoble , fuivre la route de *Gap* jufqu'à *Brutinel* , où on la quitte pour remonter le cours du *Drac* par *Saint-Bonet* , *Saint Julien* , *Chabottes* , *Saint-Jean* & *Champoleon* ; deux jours fuffifent pour faire toute cette traverfée.

De *Champoleon* on monte par un affez mauvais chemin jufqu'au *Chatelard* , hameau bâti avec des pierres de *trapp* fur des bancs de *trapp* même ; c'eft ici qu'il faut fe procurer un guide, & il eft bon de s'adreffer à *Jofeph Bernard* , qui accompagna dans le mois de Septembre 1783 , M. le chevalier de la Manon , & le 30 octobre de la même année , meffieurs Delierre, Ducros & Villard.

On prend de-là le chemin de la montagne de la *Drouviere* , & l'on vifite en paffant ce qu'on appelle le *Chapeau* , où il exifte des bancs confidérables de *trapp* , & où l'on trouve en même tems des maffes d'une pierre argileufe grife , très-analogues à une variété de *trapp* , mêlé de pyrites cubiques , qui fe décompofant à l'air , forment des efflorefcences vitrioliques martiales.

Les montagnes du *Puy* , celles de la *Dretz* & de *Peouroi* , renferment également des couches de *trapp*.

Après avoir vifité le *Chapeau* , il faut fe rendre aux *Mas de touron* , & gravir la montagne pyramidale de *Peyre-niere* , (pierre noire.)

Le grand fommet de *Peyre-niere* , ou le haut *Puy* , eft élevé de 1400 toifes fur la mer.

B 5

Comme M. Prunelle Delierre, très-bon minéralogiste de Dauphiné , M. l'abbé Ducros, garde du cabinet d'histoire naturelle de Grenoble, qui a de grandes connoissances en histoire naturelle, & accompagnés de M. Villard, démonstrateur de botanique de la même ville, ont visité avec beaucoup de soin cette suite de montagne où le *trapp* existe au-dessus du granit feuilleté, & que M. Delierre a publié dans le journal de physique du mois de septembre 1784, pag. 174, un mémoire très-détaillé sur ce voyage, je ne saurois mieux faire que de rapporter ici plusieurs passages intéressans de ce mémoire.

« Parvenus au premier sommet du » *Puy*, (dit M. Delierre) nous décou- » vrîmes *Peyre-niere*. Cette montagne » est comme une pyramide à quatre » faces, formée par une pierre du même » genre que celle du *Chapeau* & du

» *Chatelard*, & dont la bafe repofe fur
» le granit feuilleté qui fe montre à la
» *Drouveire* & aux crêtes de la mon-
» tagne du *Puy*, de *Peoroi*, & de
» l'*Adrets*.

» Nous avons parcouru trois des
» faces de cette pyramide ; elles offrent
» un tableau fingulier de dégradation
» depuis la pointe de la pyramide juf-
» qu'à fa bafe, les fragmens de toute
» grandeur qui le couvrent, & la cou-
» leur rougeâtre dominante de ces
» fragmens peuvent en impofer au
» premier coup d'œil ; ces ruines rou-
» geâtres font nommées *terres rouges de*
» *Touron ;* elles cachent les couches
» inférieures de la pierre qui compofe
» cette pyramide, & proviennent de
» la dégradation des fupérieures.

» La premiere des trois faces que
» nous avons parcourues, eft à l'eft,
» & paroît avoir pour bafe les crêtes
» du *Puy de Peoroi ;* la feconde face eft

B 6

» au midi, elle regarde le bas du vallon
» de *Touron*, appellé *Planiure*; la troi-
» fieme eft à l'oueft, en face de la mon-
» tagne de l'*Arche*; c'eft fur tout cette
» troifieme face qui, en particulier,
» porte le nom de *terres rouges de*
» *Touron*; la quatrieme face de *Peyre-*
» *niere* eft au nord, du côté de *Valeftret*,
» qu'elle a en perfpective. Elle nous a
» paru à pic, & ne pas offrir, comme
» les trois autres, un femblable tableau
» de dégradation.

» Les mines rougeâtres qui couvrent
» les trois premieres faces de la pyra-
» mide, cachent, comme nous l'avons
» remarqué, aux yeux de l'obferva-
» teur les couches inférieures qui com-
» pofent le maffif de *Peyre-niere*, &
» proviennent de la dégradation des
» fupérieures. Cela eft fenfible jufqu'à
» l'évidence, fur-tout lorfque regar-
» dant la premiere face, on obferve à
» gauche le bord ou l'arête fud-eft de

» la pyramide. On reconnoît plufieurs
» couches paralleles entre celles qui
» compofent ce bord fans interruption,
» depuis la bafe jufqu'au fommet de la
» pyramide; de maniere que la couche
» fupérieure , formée de la variété
» grife de cette pierre, eft la partie la
» plus aiguë de ce bord, & lui donne
» la forme d'une arête tronquée affez
» légérement pour fon élévation ,
» puifqu'autant que ma mémoire peut
» me le rappeller , je ne crois pas que
» la plus grande largeur de cette couche
» fupérieure excede 4 ou 5 toifes. Ces
» couches, inclinées au fud-eft, font,
» avec l'horifon , un angle d'environ
» 50 degrés, & par conféquent cou-
» pent la montagne de *Peyre-niere* du
» nord-oueft dans le fens des bords ou
» arêtes de la pyramide, correfpondans
» à ces points de l'horifon.

 » La pierre qui compofe *Peyre-niere*
» eft de la même nature que celle que

» l'on voit au *Chapeau* & au *Chatelard ;*
» sa couleur est ou grise ou verte, ou
» d'un brun rougeâtre plus ou moins
» foncé. Cette derniere couleur est la
» dominante, & la seule même qui
» soit d'abord sensible à la vue, non-
» seulement parce que la pierre ainsi
» colorée paroît la plus abondante,
» mais aussi par la raison que la verte,
» & même la grise, brunissent vers la
» superficie, lorsqu'elles sont expo-
» sées au contact & à toutes les in-
fluences de l'atmosphere.

» Cette pierre est en général très-
» légérement attirable à l'aimant. Il y
» a des morceaux qui n'ont aucune
» action sensible sur le barreau aimanté
» suspendu.

» La pierre du *Chapeau,* du *Chatelard,*
» & de *Peyre-niere ,* lorsqu'elle est hu-
» mectée avec le soufre, offre une
» odeur terreuse plus ou moins sen-
» sible ; celle qui a la fracture, le grain
» le plus fin, le plus uni, le plus mat,

» le moins lamelleux & le moins bril-
» lant , est celle qui paroît la moins
» homogène dans ses parties. L'on peut
» observer , dans quelques morceaux
» de cette variété , une tendance à se
» rompre en fragmens à surfaces
» planes , angulaires & poligones.
» Cette tendance à la vérité paroît
» souvent déterminée par des lames
» spathiques qui coupent la pierre
» dans divers sens ; mais ces lames
» n'existeroient pas , si la pierre n'avoit
» eu des gerçures & des fentes propres
» à les contenir. Ces gerçures ou ces
» fentes n'ont pas toujours été formées
» en ligne droite, cela paroît assez aux
» veines spathiques , irrégulieres &
» branchues que l'on peut observer
» dans cette pierre ; mais toujours est-
» il vrai que les fissures en lignes
» droites, ou les veines spathiques qui
» les remplissent , ne se trouvent que
» dans la pierre dont le grain est plus

» uni, & qui paroît le plus homogène;
» c'est à la décomposition de ces veines
» spathiques que sont dues les manie-
» res de prismes irréguliers que M. de
» *Lamanon a pris pour des basaltes pris-*
» *matiques.* Le morceau que ce natura-
» liste a envoyé au cabinet public
» d'histoire naturelle de Grenoble,
» pour échantillon de cette espece de
» basalte, est traversé diagonalement
» par une veine spathique.

» La pierre, au contraire, qui a le
» grain le moins fin, le moins uni &
» le plus lamelleux, & constamment
» la plus hétérogène : il m'a paru que
» le grain lamelleux étoit dû sur-tout
» à des parties spathiques, que l'œil ne
» distingue pas souvent de la pâte ou
» ciment qui forme le fond ou la base
» de la pierre même. Ces parties spa-
» thiques ne paroissent pas intimement
» mélangées avec la propre substance
» de la pierre, mais comme engagées

» dans son sein. Cela est très-sensible
» dans une pierre du même genre, que
» M. l'abbé Ducros a ramassée dans la
» vallée de *Champoléon*, près de *Val-*
» *estret*. C'étoit un galet brunâtre,
» dont la surface étoit poreuse ; à la
» fracture, la partie poreuse avoit une
» profondeur d'une, deux, & jusqu'à
» quatre lignes, & le milieu a offert
» un grain lamelleux brunâtre, dû à
» des lames spathiques brillantes, co-
» lorées par une ocre martiale inter-
» posée. Les pores de la surface sont
» dûs à la décomposition du spath. J'ai
» mis dans l'acide nitreux un frag-
» ment de ce galet récemment fracturé,
» & qui n'y étoit plongé qu'en partie ;
» la portion plongée est devenue po-
» reuse, tandis que celle qui ne l'a pas
» été, a conservé son grain lamelleux,
» qu'elle doit au spath qu'elle ren-
» ferme, comme dans des cloisons ou
» alvéoles.

» Lorsque ces alvéoles sont plus
» grands, c'est alors que le spath cal-
» caire y paroît d'une maniere plus
» sensible en grains plus ou moins ar-
» rondis; c'est alors la pierre glandu-
» leuse, connue des naturalistes sous
» le nom de *variolite du drac*; la base
» de cette pierre est plus communé-
» ment brune, mais souvent aussi elle
» est verte.

» Dans ces alvéoles l'on distingue
» aussi de la stéatite verte; quelquefois
» la stéatite est au centre du spath,
» d'autres fois le spath est au centre,
» & la stéatite tapisse les parois de l'al-
» véole sous une forme cristaline striée
» du centre à la circonférence. Le spath
» prend aussi cette forme striée. J'ai vu
» dans un galet cassé du drac, de la
» stéatite brillante cristallisée, le plus
» souvent la stéatite des alvéoles est
» verte, sans éclat & sans apparence
» de formes cristallines.

» Quoique le quartz ne foit pas
» auffi fenfible, à beaucoup près dans
» la pierre de *Peyre-niere* que les parties
» calcaires, néanmoins on peut l'y
» voir, & quelquefois même criftal-
» lifé. Il s'y manifefte encore par la
» facilité avec laquelle l'acier tire
» quelquefois des étincelles de cette
» pierre, même la plus homogéne en
» apparence ». *Journal de phyfique,*
feptembre 1784, pag. 199 & fuiv.

Des trapps de la montagne de Lefterelle, *entre* Fréjus & *la* Napoule.

Cette montagne, dont la bafe s'é-
tend jufqu'auprès de la petite ville de
Fréjus, eft fort élevée, & d'une pente
rapide ; il faut au moins trois heures
de marches confécutives, à pied ou
en voiture, pour parvenir à fon fommet. Elle eft formée d'une multitude
de côteaux efcarpés & prefque tous

coniques, adoſſés contre le flanc de la montagne principale ; la pierre qui les compoſe eſt en général un porphyre rougeâtre , le plus ſouvent altéré; mais comme on y remarque d'autres pierres curieuſes , cette montagne eſt digne d'être obſervée; c'eſt pour éviter des peines à ceux qui viſiteront pour la premiere fois ce grand coloſſe de porphyre, que j'indiquerai ici les objets les plus propres à les intéreſſer.

1°. A la naiſſance même de la montagne , & non loin de *Fréjus*, il faut chercher à reconnoître deux ou trois petits courans d'une lave noire , dure & poreuſe, à découvert de diſtance en diſtance , ſur-tout après les pluies, dans la matiere même du porphyre, qui eſt terreux & a peu de conſiſtance dans cette partie ; il ne faut pas être étonné de rencontrer ici des matieres volcaniques , il en exiſte à demi-lieue de-là , & on peut les ſuivre de proche en proche jufqu'auprès d'*Antibes*, du côté de la mer ; ces volcans font une fuite de ceux de Provence qu'on commence à rencontrer à *Ollioules*, près de *Toulon ;* il paroît que de grandes éruptions diluviennes ont démantelé & ruiné la plupart des volcans éteints de cette partie de la Provence.

2°. Dès qu'on commence à s'élever un peu fur la montagne de *Lefterelle*, on ne trouve plus aucun veftige de matiere volcanifée, & l'on ne voit plus de toute part que des porphyres rougeâtres, d'un rouge violâtre, ou fauve, ou gris, ou verdâtre, quelquefois d'un verd tendre, mais prefque tous font ou décompofés, ou d'un grain irrégulier, & le *feld-fpath* y eft le plus fouvent en grains amalgamés avec le refte de la matiere, & rarement en criftaux bien figurés ; l'on y trouve auffi, dans un grand nombre d'échantillons, le quartz en grain mêlé dans

la pâte même du porphyre ; quelquefois le porphyre de *Lesterelle* est rap-
proché du granit.

Malgré l'espèce de confusion qui
regne dans l'organisation de ce porphyre, j'en ai cependant trouvé des
blocs considérables, particuliérement
dans la profondeur des ravines, où la
matiere étoit belle, susceptible de poli,
& rapprochée par la couleur & par la
forme des cristaux, des plus beaux
porphyres antiques ; mais ces morceaux sont rares.

3°. Il faut porter toute son attention
sur plusieurs morceaux de porphyre
qu'on trouve à mi-côte de la montagne, dont la pâte qui est dure, est
mêlée d'une multitude de grains ou de
cristaux de feld-spath blanc presque
terreux, ayant la plus grande tendance
à se décomposer, de maniere que la
plupart de ces morceaux étant privés
de leur cristaux, sont cellulaires &

poreux comme une véritable lave;
& l'illufion eſt d'autant plus forte,
que le fer contenu dans ce porphyre
étant décompofé en ocre rouge, ces
porphyres poreux reſſemblent à une
belle lave cellulaire rouge : mais en
les caſſaɴt avec un marteau, on revient
promptement de ſa furprife, car le
feld-ſpath n'eſt pas détruit à une certaine profondeur dans ces échantillons,
les cellules ſont remplies de cette matiere, dont la deſtruction ordinairement
fuperficielle, donne la plus forte apparence de lave poreufe à cette variété
de porphyre.

4°. En s'élevant vers le ſommet de
la montagne, on rencontre des maſſes,
& ſouvent même des couches diſtinctes
d'une brêche dont la pâte eſt un porphyre terreux qui a acquis une conſiſtance très-dure, & qui renferme une
multitude d'éclats & de fragments la
plupart anguleux & irréguliers de por-

phyres de diverses couleurs , parmi lesquels plusieurs morceaux sont d'une pâte fine avec des cristaux de feld-spath purs & bien terminés ; l'on distingue aussi dans cette bréche quelques fragmens grossiers de quartz colorés, & de porphyres rapprochés des granits.

5°. C'est presque sur la partie la plus haute de Lesterelle , & aux approches de la seule & mauvaise hôtellerie qui existe sur le sommet élevé , où est la poste aux chevaux , qu'on trouve des filons de trapp qui serpentent au milieu même d'un porphyre friable.

Ce trapp est noir , ou d'un noir un peu bleuâtre ; son grain serré, est dur & âpre au toucher ; il a éprouvé presque par-tout un retrait qui l'a divisé, en gros cubes , en paralellogrames , en rhomboïdes , & même en prismes. Rien ne ressemble autant au véritable basalte & à un produit de volcan ; le voisinage des porphyres rougeâtres,

devenus

devenus poreux par la deſtruction des grains de feld-ſpath , tend à fortifier ce:te conjecture ; cependant en examinant les objets avec attention , l'on reconnoît inconteſtablement que rien n'eſt ici l'ouvrage du feu.

Le trapp de *Leſterelle* eſt homogene ; je n'y ai point vu de *toad-ſtone* , ni les autres variétés de trapp qui ſe trouvent quelquefois réunies dans les mêmes lieux , excepté qu'elles n'exiſtent dans des parties qui ont échappé à mes recherches.

Comme la montagne de *Leſterelle* eſt fréquentée par beaucoup de voyageurs qui vont paſſer l'hiver à Nice ou en Italie , j'ai cru que les détails dans leſquels je viens d'entrer rapidement ſur les matieres dont elle eſt compoſée, pourroient intéreſſer quelqu'obſervateur.

Des trapps de la montagne de Tarrare.

La montagne de *Tarrare* n'est qu'à cinq postes de la ville de Lyon, sur la route de Paris. Le bourg de Tarrare est situé au pied de cette montagne, presque aussi haute que *Lesterelle*, & formée comme elle de la réunion de plusieurs collines adossées contre la montagne principale.

Si l'on est curieux de suivre cette montagne dans tous ses détails, on y trouvera :

1°. Des schistes argilleux micacés, gris, mêlés de steatite.

2°. Du beau schorl noir en roche, à grain écailleux, avec un peu de steatite, & quelquefois des grains de feldspath.

3°. Du granit feuilleté à très-petit grain, mêlé de poussiere de mica & de steatite.

4°. Du granit rougeâtre en maffe, à grains de quartz & de feld-fpath irréguliers, mêlé de mica en écaille.

5°. Une roche porphyrique rougeâtre, ou d'un gris verdâtre, & quelquefois brune, à bafe de trapp.

6°. Enfin fur les parties les plus élevées, du trapp noir, ou d'un noir bleuâtre, à grain fin, dur & fec, divifé en rhomboïde, en paralellograme, ou en tables irrégulieres, ne renfermant aucun corps étranger.

7°. Des échantillons d'un trapp très-noir beaucoup plus fin, fufceptible d'un beau poli, dont une partie eft homogene & fans mélange, tandis que le refte étant plein de criftaux de feld-fpath blanc, forme un porphyre noir éclatant ; ces échantillons font d'autant plus remarquables, qu'on réunit dans le même morceau le trapp fimple, & le trapp porphyrique.

Le voyageur qui ne feroit que traverfer cette montagne fur laquelle la grande route exifte , & qui n'auroit pas le tems d'y féjourner pour la parcourir en divers fens , aura la facilité , fans quitter la route , de voir fur la gauche du chemin , aux trois quarts de la hauteur de la montagne , une efpece de terrein vague qui eft couvert de blocs & de morceaux de trapps d'une efpece dure , d'un noir foncé , ou d'un noir un peu bleuâtre.

Il exifte des trapps dans d'autres parties de la France , notamment fur la montagne des environs d'Autun , par la route de Saint-Emiland , les couches de trapp y font en évidence au milieu d'un granit porphyrique altéré.

On trouve également des trapps en diverfes parties de la Bretagne , & dans d'autres provinces de la France ; mais en voilà affez pour donner une idée de la pofition des trapps , & des différentes efpeces de montagnes dans lefquelles on les trouve , en voici la récapitulation.

1°. En Suéde , dans la Weftrogothie, *en montagnes ifolées & en filons , dans des fchiftes argilleux.*

2°. En Ecoffe, *dans les fchiftes argilleux, & dans une roche porphyrique.*

3°. En Derbyshire , *au milieu de la roche calcaire.*

4°. En Dauphiné , dans les alpes du Champfaur , *en maffes confidérables qui portent fur un granit feuilleté.*

5°. En Provence , fur la montagne de Lefterelle , *au milieu du porphyre décompofé.*

6°. En Lyonnois , fur la montagne de Tarrare , *parmi les granits & dans une roche porphyrique rougeâtre.*

7°. En Bourgogne , fur la montagne granitique des environs d'Autun , *au milieu du granit & d'un mauvais porphyre.*

C 3

CHAPITRE III.

DE L'ANALYSE DES TRAPPS DONNÉE PAR QUELQUES CHYMISTES.

M. BERGMANN, dans une lettre écrite à M. de Troi , *pag. 405 des lettres sur l'Islande*, fait mention du trapp & de sa grande ressemblance avec le basalte ; il en fait même un parallele , où il rapproche leur caractere extérieur & leur caractere chymique ; il croit, & avec raison, que le trapp n'est point l'ouvrage du feu, tandis qu'il considere le basalte comme un produit de volcans ; mais comme il n'avoit jamais vu des volcans brûlans , ni même des volcans éteints, la formation du basalte l'embarrasse beaucoup , il établit à ce sujet bien des conjectures qui portent sur de fausses bases , & qu'il

eut rectifié certainement , fi cet habile
chymifte avoit été à portée d'obferver
la nature en place ; le parallele qu'il
donne du trapp & du bafalte, n'éclair-
cit pas à beaucoup près la queftion , il
ne connoiffoit pas affez l'une & l'autre
de ces matieres ; on voit d'ailleurs
qu'il a pris plufieurs produits volcaniques pour des trapps ; fes analyfes
n'en ont pas moins un très - grand
mérite.

Ce favant , enlevé aux fciences à la
fleur de l'âge , ne paroiffoit pas fatif-
fait lui-même de ce qu'il avoit dit fur
les produits des volcans , comparati-
vement aux trapps ; il m'avoit demandé
une fuite de toutes les variétés de
bafalte , que j'allois lui envoyer lorfque fa mort me fut annoncée ; une
des chofes qui l'embarraffoit le plus,
étoit cette grande étendue qu'occupent
fouvent les courans bafaltiques ; il
avoit beaucoup de peine à concevoir

comment une lave aussi compacte, avoit pu s'étendre en longs ruisseaux à une si grande distance des bouches à feu qui la vomissoient, pour affecter ensuite la forme prismatique, mais l'observation seule a résolu ce beau problême; le basalte n'est absolument qu'une lave compacte noire; on avoit cru d'abord qu'il n'existoit que dans les volcans éteints, mais les volcans brûlans en sont environnés, l'eau concourt par le réfroidissement subit, ou peut-être par la privation de l'air, à déterminer les formes prismatiques qu'il affecte, ainsi que je l'avois soupçonné dans mon premier ouvrage sur les volcans éteints ; les belles & savantes recherches de M. le chevalier de Dolomieu sur l'Etna ont confirmé cette conjecture ; cet antique & superbe volcan brûlant est environné d'une ceinture de basalte prismatique, qui s'éleve à une grande hauteur, il étoit à l'époque de la formation de ces bafaltes fous les eaux de la mer, & cette fuite de chauffée des géans qui l'entourent, ont pris leur configuration dans le fein d'une mer qui s'eft confidérablement abaiffée depuis cette époque.

M. Kirwan, dans fes élémens de minéralogie, pag. 133, efpece 18, a confondu le véritable bafalte avec le trapp des Suédois ; ainfi les analyfes qu'il donne de cette pierre ne fauroient être appliquées avec certitude au fujet qui nous occupe, parce qu'on ignore fi fes effais ont été faits fur des matieres volcanifées, ou fur des pierres étrangeres au feu telles que les trapps ; il eût été à défirer que cet excellent chymifte avant de publier des élémens de minéralogies, eût fait des études plus approfondies de la nature, & eût mieux connu les auteurs françois, allemands,

fuédois , &c. qui ont traité les mêmes
fujets longtems avant lui.

M. Kirwan a donné , efpece 11 ,
page 94 de l'édition angloife, & pag.
97 de la traduction françoife , une
analyfe d'après le docteur Withering ,
d'un véritable trapp , fans fe douter
que cette pierre appartînt à ce genre
de roche , c'eft du *toad-ftone* dont je
veux parler , mot que M. de Gibelin
n'auroit pas dû traduire par celui de
crapaudine , qui peut être confondus
avec la *buffonite* , il falloit lui laiffer
fon nom de *toad-ftone* qui lui a été
donné par les mineurs anglois , ou traduire ce mot à côté de l'original , par
celui de *pierre de crapaud.*

Le *toad-ftone* du docteur Withering
eft une des variétés de *trapp* du Derbyshire. Voici comme s'exprime M.
Kirwan.

« Le docteur Withering , qui nous a
» donné l'analyfe de cette pierre , la

» décrit d'une couleur grife foncée
» brunâtre, d'un tiffu grenu , ne faifant
» point feu avec l'acier , ni effervef-
» cence avec les acides. Ses cavités
» font remplies de fpath cryftallifé.
» (M. Kirwan auroit dû ajouter de
» fpath *calcaire* ,) elle eft fufible *perfe* ,
» à une forte chaleur. *Tranfact. philof.*
» *1782* , *pag. 333.* Cent parties de cette
» pierre en contiennent 63 de terre
» filiceufe, 14 de terre argilleufe, 7 de
» terre calcaire , & 16 de fer phlo-
» giftiqué ; elle diffère peu du bafalte ;
» elle eft feulement plus molle, con-
» tient moins de fer, & plus de filex. »

M. Ehrman, démonftrateur de phyfique à Strasbourg, a fait un très-beau
travail fur la fufion des mines & des
pierres , à l'aide du feu animé par l'air
tiré du nitre , c'eft-à-dire l'*air pur* ou
l'*air vital* ; l'ouvrage allemand qu'il a
publié à ce fujet , renferme une fuite
nombreufe de très-belles expériences ;

M. de Fontallard a donné une fort bonne traduction de cet excellent ouvrage.

M. Ehrman, malgré des connoiffances plus profondes en lithologie que celle de M. Kirwan, a confondu, à l'exemple de ce dernier, le bafalte avec le trapp, & il n'eft pas le feul chymifte qui ait fait la même erreur; mais comme il a eu attention de citer les lieux d'où font venues les pierres qui ont fervi à fes expériences, on peut les reconnoître par-là ; ainfi lorfqu'il parle du *trapp brun de la chauffée des Géans en Irlande*, il eft évident qu'il défigne par-là une véritable lave, & non un trapp ; mais lorfqu'il fait mention du trapp de Suéde, & de celui de Saxe, qu'il appelle toujours mal-à-propos *bafalte* ; le naturalifte doit reconnoître ces productions comme étrangeres aux volcans ; le trvail même de M. Ehrman tend à prouver cette différence, car fon *trapp de la chauffée des Géans coule facilement en globules noir brillant*, *fon trapp uniforme,* (véritable trapp) d'Aggerhuus en Norvege, *coule avec bouillonnement en un globule vulmineux vert fale*, & celui du Harz, affis çà & là fur le granit, *coule en globule noir marqué de taches jaunes brillantes.* Celui de Breuschthal en Alface, coule difficilement & avec bouillonnement en un globule blanc & brun. Pag. 219 , 284 de la traduct. françoife.

La maniere dont ces fubftances fe comportent au feu , fait voir leur différence.

La lave bafaltique produit un globule *noir* , *brillant* (M. Ehrman auroit dû ajouter *opaque.*

Le trapp de Suéde. . *un globule volumineux vert fale.*

Celui du Harz· · · · *un globule noir marqué de taches jaunes.*

Et celui d'Alsace·· *un globule blanc
& brun.*

Le basalte produit en général un verre compacte d'un noir si foncé, si brillant, & en même tems si opaque, que j'ai constamment observé, d'après beaucoup d'expériences faites en grand sur cette matiere ; que du basalte mêlé en partie égale avec le verre le plus blanc, produit un beau verre noir qui reste encore absolument opaque.

M. Whitehurst, qui a très-bien observé les places que les trapps occupent, & la maniere dont les couches sont disposées dans les montagnes calcaires du *Derbyshire*, les a considérés au seul aspect, comme des laves, sans faire la moindre recherche qui pût le mener à connoître l'origine de ces pierres ; il a été principalement induit en erreur par la porosité de plusieurs couches de *toad-ston*, sans faire attention que ces cellules étoient dûes à la

deſtruction des globules de ſpath calcaire inclus dans cette matiere ; ce
qu'il auroit vu de la maniere la plus
évidente , en caſſant un bloc de *toad-
ſton* poreux, il auroit trouvé dans l'intérieur à une légere profondeur , les
petits globules & les nœuds de ſpath
calcaire , ſains & intacts.

M. Ferber, cet excellent naturaliſte ,
très-exercé dans la connoiſſance des
différentes eſpeces de laves , n'a pas
regardé les *toad-ſton* du *Derbyshire*
comme devant leur origine au feu ;
ſon livre ſur la minéralogie du comte
de Derby, eſt un modele d'exactitude
& de ſavoir. Je ſuis bien étonné que
ce naturaliſte Suédois, en parlant du
chanel, du *toad-ſtone*, & du *cat-dirth*,
dont il a ſi bien décrit les poſitions
locales, le grain , la dureté & les acci-
dens, n'ait pas prononcé le mot de
trapp , tandis que toutes ces pierres en
ſont de véritables ; il faut apparem-

ment que depuis long-tems hors de ſa
patrie , il n'ait pas été à portée d'obſerver les *trapps* de Suéde.

CHAPITRE IV.

Aɴᴀʟʏsᴇ ᴅᴜ ʙᴀsᴀʟᴛᴇ ᴇᴛ ᴅ'ᴜɴᴇ
ᴀᴜᴛʀᴇ ᴇsᴘᴇᴄᴇ ᴅᴇ ʟᴀᴠᴇ , ᴄᴏᴍᴘᴀ-
ʀÉᴇ ᴀ ᴄᴇʟʟᴇ ᴅᴜ *TRAPP* ʜᴏᴍᴏ-
ɢᴇɴᴇ ᴇᴛ ᴅᴜ *TOAD-STONE*.
ʟ'ᴀɴᴀʟʏsᴇ ɴ'ᴇsᴛ ᴘᴀs sᴜғғɪsᴀɴᴛᴇ
ᴘᴏᴜʀ Éᴛᴀʙʟɪʀ ᴅᴇs ᴄᴀʀᴀᴄᴛᴇʀᴇs
ᴇɴᴛʀᴇ ᴄᴇʀᴛᴀɪɴᴇs ʟᴀᴠᴇs ᴇᴛ ᴄᴇʀ-
ᴛᴀɪɴs ᴛʀᴀᴘᴘs.

Lᴀ reſſemblance de pluſieurs eſpeces
de baſalte, avec quelques trapps homogenes , ainſi que celle de quelques
toad-ſtone avec certaines laves mélangées , ſont ſi fortes, que le naturaliſte
le plus exercé courroit riſque plus
d'une fois d'être induit en erreur , s'il

vouloit prononcer fur des morceaux qu'on lui préfenteroit ifolé dans un cabinet : l'analyfe même n'eft pas toujours fuffifante, parce que les laves ainfi que les trapps étant compofés d'élémens mélangés, qui font fouvent les mêmes, mais qui varient dans leur proportion, l'on ne peut guère obtenir par-là des lignes de féparation diftinctes & caractériftiques. Etabliffons cette vérité par quelques exemples.

Bergman ayant analyfé 100 grains de bafalte de l'ifle de Staffa avec toute l'exactitude poffible, en a obtenu :

1°. Terre filiceufe · · · · · 52 grains.
2°.   argilleufe · · · · 15
3°.   calcaire · · · · · · 8
4°.   fer · · · · · · · · · 25
                        —————
                 100 grains.

Cent grains de bafalte d'un noir gris de fer foncé, très-dur (1), que j'ai

(1) J'ai vifité en 1784 l'ifle de *Staffa*, une

détaché moi-même d'une des grosses
colonnes basaltiques, situées du côté
droit de l'entrée de la *grotte de Fingal*,
dans la même isle de *Staffa*, analysés
par la vitriolisation, après avoir réduit le basalte en très-petits fragmens
dans un mortier d'agathe, & l'avoir
arrosé par intervalle, & goute à goute,
d'acide vitriolique pur, de maniere à ne
pas le submerger, m'ont donné après
avoir resté trois mois dans cet état :

1°. Terre siliceuse·····	40 grains.
2°. argilleuse····	20
3°. calcaire······	12
4°. fer·········	21
5°. Terre de magnésie··	5
perte·····	2

100

---

des Hébrides, & je publierai bientôt la description de la *grotte de Fingal*, & de tous les
produits de cette isle volcanique singuliere,
dans laquelle il y a plusieurs variétés de basalte.

Analyse du basalte d'un noir gris de fer, de la chaussée des Géans d'Antrim.

J'ai mis en expérience cent grains de ce basalte, qui ont produit :

1°. Terre siliceuse···· 46 grains.
2°.   argilleuse··· 16
3°.   calcaire···· 10
4°.   fer········· 22
5°.   magnésie··· 3
           perte······· 3
                    100

Analyse du basalte d'un noir gris de fer foncé, de la chaussée des Géans de Chenavari, en Vivarais.

Cent grains de cette pierre ont produit :

1°. Terre siliceuse···· 40 grains.
2°.   argilleuse··· 20
3°.   calcaire···· 8
4°.   fer········· 24
5°.   magnésie··· 6
           perte······· 2
                    100

Analyse du basalte de l'Etna.

M. le chevalier Deodat de Dolomieu, donne, dans son excellente description des produits de l'Etna, insérée dans son voyage aux isles Ponces, pag. 189, l'analyse de trois belles variétés de lave compacte basaltique. Voici quels sont ses résultats.

« Ces trois belles variétés de laves
» compactes, les plus denses que je
» connoisse, ont absolument besoin de
» toutes leurs circonstances locales
» pour être reconnues productions de
» volcans; une fois détachées des cou-
» rans auxquels elles appartiennent,
» elles n'ont aucun caractere qui ne
» convienne aux schorls en masse,
» ou aux trapps des montagnes primi-
» tives, elles ont une très - foible
» odeur argilleuse, lorsqu'elles sont
» humectées.

» Dans différentes analyses que j'en

» ai faites , j'ai trouvé qu'elles con-
» tiennent à-peu-près $\frac{60}{100}$ de terre sili-
» cée, $\frac{25\ \text{à}\ 30}{100}$ d'argille, $\frac{8\ \text{à}\ 10}{100}$ de fer, très-
» peu de terre calcaire & de magnésie ;
» dans quelques essais le fer m'a paru
» beaucoup plus abondant, aux dépens
» de la terre silicée, qui n'est plus que
» de $\frac{50}{100}$, lorsque le fer monte à $\frac{20}{100}$ (1).

» Les blocs ou les colonnes prisma-
» tiques formées de ces laves (qui se
» trouvent au-dessus de *Piedimonte*,
» dans les courans qui descendent des
» montagnes de la *Cirita*) , sonnent
» quelquefois comme le bronze.

Je suis bien encore de l'avis de M.
de Dolomieu , lorsqu'il dit , pag. 184
du même ouvrage, en parlant des

---

(1) « Il peut arriver souvent qu'une partie
» de la chaux de fer reste dans le résidu sili-
» ceux , parce que lorsqu'elle est entiérement
» déphlogistiquée , elle n'est plus attaquable
» par les acides, & elle ne peut plus être
» réduite ». *Note de M. de Dolomieu.*

laves compactes homogenes. « L'ana-
» l'yfe de ces laves ne donne jamais
» des réfultats parfaitement fembla-
» bles, même lorfqu'on effaye deux
» morceaux qui ont les mêmes appa-
» rences extérieures; on y trouve tou-
» jours quelques diffemblances dans
» les proportions des principes confti-
» tuans ; ce ne font pas toujours les
» plus dures qui donnent le plus de
» terre filicée, ni les plus colorées &
» les plus attirables à l'aimant, qui
» contiennent le plus de fer. Les pro-
» portions de la terre de magnéfie &
» de la terre calcaire, font encore
» celles qui proportionnellement va-
» rient le plus. En général, celles qui
» exhalent une plus forte odeur argil-
» leufe, contiennent une plus grande
» proportion de magnéfie, qui cepén-
» dant ne paffe jamais $\frac{12\ ou\ 16}{100}$; dans quel-
» ques autres on a peine à y en trouver
» $\frac{1}{100}$, rarement la terre calcaire ex-

» céde $\frac{5}{100}$, fouvent l'on a de la peine

» à en extraire $\frac{1 \text{ ou } 2}{100}$; dans quelques-

» unes la terre filicée excéde $\frac{60 \,\&\, 66}{100}$;

» d'autres n'en donneront que $\frac{40}{100}$; le

» fer arrive quelquefois à $\frac{25}{100}$, quel-

» ques autres fois il eft au-deffous de

» $\frac{6}{100}$.

» Toutes ces diffemblances prou-

» vent que les analyfes faites par dif-

» férens chymiftes, de quelques laves,

» ne conviennent qu'à l'échantillon

» même qui a été effayé, & ne peuvent

» s'étendre fur toute l'efpéce en gé-

» néral ».

J'ai analyfé plufieurs efpeces de véritables trapps homogenes avec toute
l'attention poffible, pour les comparer
aux différens produits des bafaltes, &
j'ai obtenu des réfultats à-peu-près
femblables, & qui varioient de même
pour les proportions, lorfque les
trapps varioient eux-mêmes par leur
grain, par la dureté, par la couleur,

&c. Mais j'ai reconnu que la terre de magnésie étoit conftamment plus abondante dans les trapps que dans les bafaltes & les autres laves compactes.

Quant aux trapps mélangés, c'eft-à-dire aux *toad-ftons* , aux *amygdaloïdes* , la difficulté d'en féparer les globules de fpath calcaire ou de ftéatite , dans les uns, & les nœuds ou criftaux de feld fpath dans les autres, afin d'avoir une pâte pure , eft fi grande, qu'elle jette beaucoup d'incertitude fur ces fortes d'analyfes ; car il y a certaines de ces pierres où ces corps étrangers y font difféminés en poufliere fi fine , & d'une maniere fouvent fi inégale & fi irréguliere , que tel morceau du même échantillon, peut donner des produits différens, du moins pour les proportions.

J'ai fait un grand nombre d'effai dans ce genre, qui ne m'ont permis de tirer d'autres conclufions , fi ce n'eft

que

que la pâte la plus pure des *toad-ftons*
& des *amygdaloïdes*, eft conftamment
plus chargée de terre de magnéfie que
les bafaltes & les autres laves com-
paƈtes les plus pures.

Voici encore une pierre dont l'analyfe a donné des produits très-rappro-
chés de ceux des bafaltes & des trapps,
elle a été reconnue par M. de Sauffure
au pied de l'*aiguille du midi* dans les
Alpes ; cet habile naturalifte l'a nommée *pierre de corne dure, d'un gris foncé,
à grain fin.* (Comme je ne l'ai point
vue, je ne puis pas dire fi elle eft un
trapp.)

« Sa pefanteur fpécifique, (dit M.
» de Sauffure, *dans fon voyage dans les*
» *Alpes, tom. II. p. 135,*) eft à celle
» de l'eau dans le rapport de 2876 à
» 1000.

D

» Cent grains de cette pierre ana-
» lyfés avec foin, ont donné:

Terre filiceufe······ 51　　grains.
　　argilleufe····· 16 6
　　calcaire aërée·· 8 4
　　magnéfie aërée· 3
　　fer·········· 12
　　eau, air & perte· 9
　　　　　　　　　　―――――――
　　　　　　　　　100

Je joins ici le tableau des différences qu'on peut obferver entre le bafalte & le trapp noir homogene, lorfqu'on ne veut étudier que d'après des échantillons; car en examinant la nature fur les lieux,, les difficultés difparoiffent bientôt, & l'on reconnoît fans peine que le bafalte doit fon origine au feu, & le trapp à l'eau.

Lave basaltique noire.

1°. Le basalte noir le plus dur & le plus compacte, pilé dans un mortier d'agate, & réduit en poudre fine, produit une pousfiere cendrée.

2°. Sa pesanteur spécifique, selon Bergman est . . . . 3000.
Selon M. Brisfon, le basalte d'antrim. . . . 28642.
Selon moi le basalte prismatique de Vals en Vivarais. . 28548.

3°. La pousfiere du basalte, provenue de sa pulvérisation dans un mortier d'agate, ne produit point d'effervescence sensible lorsqu'on la couvre d'acide nitreux.

Trapp homogene noir.

1°. Le trapp noir, compacte, homogene, dur, réduit dans le même état, produit une pousfiere plus claire quant à la couleur.

2°. Selon le même, celle du trapp est . . . . . . 2980.
Selon M. Brisfon, le trapp. 27453.

Selon moi, le trapp d'Ecosfe.
. . . . 27400.

3°. La pousfiere du trapp noir le plus pur, produite de la même maniere, donne avec l'acide nitreux des signes d'une légere effervescence.

D 2

Quelques perſonnes qui veulent qu'on leur applaniſſent toutes les difficultés dans les ſciences, exigeront, peut-être, des caracteres plus diſtinctifs & plus tranchans entre les *trapps* & les *baſaltes*, de maniere à pouvoir les reconnoître facilement, & ſans peine, dans les cabinets.

Mais le véritable naturaliſte s'occupera peu de ces petites diſtinctions, ayant en ſon pouvoir des moyens plus inſtructifs & moins équivoques pour reconnoître la différence de ces pierres, en allant les obſerver ſur les lieux.

Les volcans n'ayant jamais agi partiellement, mais toujours en grand, & ayant occupés des étendues conſidérables de terrein, ont marqué d'une empréinte ineffaçable les matieres ſoumiſes à l'action de leurs feux dévorans, de manière que celui qui a les premières notions de minéralogie, ne ſauroit confondre les laves & les autres produits de volcans en les obfervant en place , avec les roches calcaires , argileufes , granitiques , & autres , qui doivent leur formation au fluide aqueux.

Toutes les fois donc que les trapps exifteront au milieu de ces roches formées dans le fein des mers à des époques qui fe perdent dans la nuit des tems , & que les couches ou les filons de trapps renfermeront quelquefois des mines , ou bien fe trouveront en contact avec des matières que le moindre feu auroit altérées , & qui cependant font intactes & faines , dèslors quelque reffemblance que ces trapps puiffent avoir avec le bafalte & autres produits de volcan , ils n'en font pas moins l'ouvrage de l'eau , & le naturalifte ne s'y laiffera jamais tromper.

Tel fera toujours le grand avantage qu'aura celui que l'amour de la fcience conduit fur les montagnes, ou dans l'intérieur des mines ; il aura toute fupériorité fur celui qui n'eft jamais forti d'un cabinet, ceci a été dit long-tems avant moi (1), mais il eft néceffaire de le répéter de tems en tems pour l'avantage de la fcience, & pour quelques-uns de meffieurs les profeffeurs de minéralogie & d'hiftoire naturelle,

---

(1) Bernard Paliffy, potier de terre, & premier profeffeur public d'hiftoire naturelle à Paris, nous a laiffé quelques axiomes que j'aime à rappeller ici.

« *C'eft pratique qui engendre théorique.*

» *J'ai gratté la terre pendant l'efpace de qua-*
» *rante ans, & fouillé les entrailles d'icelle*, afin
» de connoître les chofes qu'elle produit en
» foi ».

» *Je n'ai point eu d'autre livre que le ciel & la*
terre, lequel eft connu de tous, & eft donné à
tous de connoître.

» *J'ai dreffé un cabinet auquel j'ai mis plufieurs*
chofes admirables, auquel on verra des chofes
merveilleufes, qui font mifes pour témoignages
& preuve de mes écrits, attachées par ordre, ou

qui ne veulent pas se persuader qu'il est nécessaire d'étudier au moins un

---

par etage, avec certains écriteaux au-dessus, afin que chacun puisse s'instruire soi-même, te pouvant assurer, lecteur, qu'en bien peu d'heures, voire dans la premiere journée, tu apprendras plus de philosophie naturelle sur les faits des choses que tu ne saurois apprendre en cinquante ans en lisant les théoriques.

Cet homme extraordinaire, plein de génie & d'enthousiasme pour les sciences, cherchant des contradicteurs pour parvenir à la vérité, s'exprime avec une naïveté aussi aimable qu'intéressante.

» *Je m'avisai*, dit-il, *dans ce débat d'esprit, de mettre des affiches dans tous les carrefours de Paris, afin d'assembler les plus doctes médecins & autres, auxquels je promettois montrer en trois leçons tout ce que j'avois connu des fontaines, pierres, métaux & autres natures, & afin qu'il ne s'y trouvât que des plus doctes & des plus curieux, je mis en mes affiches que NUL N'Y EN-TREROIT QU'IL NE BAILLAST UN ÉCU A L'ENTRÉE DESDITES LEÇONS ; & cela fai-sois-je en partie pour voir si par le moyen de*

peu la nature, lorsqu'on a la prétention
de dévoiler ses richesses, & de démontrer ses plus secrettes opéra-
tions.

---

mes auditeurs *JE POURROIS TIRER QUEL-
QUE CONTRADICTION QUI EUST PLUS
D'ASSURANCE DE VÉRITÉ, QUE NON PAS
LES PREUVES QUE JE METTOIS EN AVANT:
sachant bien que si je montois, il y en auroit de
grecs & de latins qui me résisteroient en face, &
qui ne m'épargneroient point, tant à cause de
l'écu que j'avois pris de chacun, que pour le
tems que je les eusse amusés. Voilà pourquoi je
dis que s'ils m'eussent trouvés menteur ils m'eus-
ent bien rembarrés ; car j'avois mis par mes
affiches que partant que les choses promises en
icelles ne fussent véritables, JE LEUR REN-
DROIS LE QUADRUPLE. Mais grace à mon
Dieu, jamais homme ne me contredit d'un seul
mot ; lesquelles leçons je fis dans le carême de
l'an 1575. Œuvres de Bernard Palissy.*

CHAPITRE V.

DES DIVERSES VARIÉTÉS DE TRAPPS.

Trapps homogènes.

Variété 1ᵉʳᵉ.

TRAPP noir homogène (1), dur, donnant quelques étincelles avec l'acier, & faisant mouvoir le bareau aimantée.

---

(1) Je dois avertir que par le mot *homogène*, je n'entends pasparler d'un trapp qui ne feroit formé que d'une feule matière, il n'en existe pas de femblable ; mais d'un trapp d'un même grain, d'une même couleur, ne contenant aucun corps étranger visible, l'homogeneite ne porte donc ici que fur l'apparence ; cette distinction m'a paru nécessaire, pour aller du simple au composé, c'est-à-dire, pour faire mention enfuite des trapps renfermant des corps étrangers, tels que des globules de spath calcaire, ou des nœuds de steatites, ou du feld-spath, &c.

D 5

Point d'effervefcence avec les acides.
Perdant cependant fa couleur noire
dans l'acide du vïtriol affoibli par trois
parties d'eau , produifant alors des
efflorefcences alumineufes , après y
avoir refté quinze à feize jours (1).

Fufible fans addition , & formant
un verre plus ou moins poreux , plus
ou moins coloré , en raifon des diverfes parties conftituantes de la pierre.

La pâte des trapps durs varie quant
à la contexture & à la difpofition des
molécules , plufieurs de ces pierres,
particuliérement celles qui font com-

---

(1) Lorfqu'on veut faire cette expérience
avec fuccès , il faut que l'échantillon qu'on
foumet à l'acide, ait affez de longueur pour
qu'une partie trempe dans la liqueur, & l'autre
foit hors du liquide , & l'on verra au bout de
huit à dix jours fe former des criftaux foyeux
d'alun qui grimperont le long de la partie de
la pierre expofée à l'air, & s'y développeront
en efpèce de dendrites , ou en houppes.

pactes, ont le grain plus ou moins ſec, mais le plus ſouvent formé de particules argileuſes, fines, un peu luiſantes, fortement engrainées les unes dans les autres.

En examinant la contexture de ces trapps avec de fortes loupes, on verra que les molécules qui ont une apparence vitreuſe, ſont colorées en gris de fer peu foncé, mais il faut les obſerver à l'ombre, car ſi on les voit au ſoleil, l'intenſité de la lumière qui les pénètre les fait paroître trop peu colorées & trop brillantes, de manière qu'il eſt impoſſible alors de reconnoître d'où peut venir la couleur noire de ces mêmes trapps vu à l'œil nud, au lieu qu'en les examinant à une lumière douce, on voit très-bien que l'intenſité de la couleur de cette pierre, naît de l'intime rapprochement des molécules colorantes & du brillant des particules criſtallines, qui à l'inſtar des vernis, rendent la couleur toujours 'plus foncée.

Qu'on me pardonne ces détails minutieux, mais ils me paroissent nécessaires.

Le trapp dont je viens de faire mention, peut se rapporter au *corneus trapezius niger solidus*, au *corneus trapezius solidus*, *griseus aut nigrescens*. Walletius, system. tom. 1, édit. de 1772, pag. 361.

Il existe ordinairement en couches plus ou moins épaisses, divisées quelquefois en tables, en rhomboïdes, en cubes, ou en paralellogrammes, peu réguliers en général; en bancs d'une grande épaisseur tranchés dans quelques circonstances en espèce de fissures verticales ou en prismes irréguliers, tandis que d'autres fois ces mêmes prismes ont une forme plus exactement déterminée.

Cette première espèce se trouve :

A Salberg.	en *Westmanie.*
A Westsilfwberget.	en *Westrogothie.*
A Fleboklesw.	J'ai les échantillons
A Hunneberg.	en mon pouvoir, qui
A Hogkullen.	m'ont été apportés
A Kinnekulle.	par M. Delhuyar.

A Joachimsthal. en Bohême.

Entre *Cornhill* & *Tirleston*, près d'un moulin nommé *Doodmill*, sur la route d'Edinburgh. — en *Ecosse.* J'ai visité & décrit ces grandes couches de trapp.

En *Derbyshire.* — en *Angleterre.* J'ai étudié sur les lieux les trapps de *Buxton*, ceux de *Castleton*, &c.

A *Peyre-niere*, (pierre noire) dans les Alpes du Champsaur, à 1400 toises de hauteur, sur le niveau de la mer. — en *Dauphiné.* Je me suis rendu sur les lieux, pour visiter cette curieuse montagne.

Sur la montagne granitique des environs d'*Autun*, où le trapp existe en filons qui coupent tranfverfalement des maffes de granit un peu porphyriques. } *en Bourgogne.* J'ai parcouru plufieurs fois cette montagne.

Sur la montagne porphyrique élevée de *Lefterelle*, fur le chemin & non loin de la mauvaife hôtellerie où eft la pofte aux chevaux. } *en Provence.* Sur le chemin de Fréjus à Nice ; je l'ai traverfé deux fois à pied.

Sur le fommet de la montagne granitique de *Tarare*, fur la route de *Lyon* à *Roane*. } *en Beaujolois.* Je l'ai parcouru un grand nombre de fois.

Aux environs de *Saint-Malo*, alternant avec le granit, reconnu par M. le chevalier de Lamanon ; près du lac de *Lugano*, dans les Alpes de la Suiffe. vu par le même.

Variété 2.

Trapp d'un noir foncé, à grain très-fin, compacte & pefant, beaucoup moins dur que celui de l'efpece précédente, exhalant une odeur terreufe lorfqu'on l'humecte avec le fouffle, ne donnant aucune étincelle avec l'acier, point attirable à l'aimant, ou du moins très-foiblement dans quelques échantillons.

Corneus trapezius colore nigrefcente vel obfcuro, reliquis paulo durior. Wall. tom. 1. pag. 363.

Trapezum nigrum particulis impalpabilibus lapys lydius. De Born. p. 151.

On le trouve à *Sala*, en Suéde.

A *Hielmfater*, en Weftrogothie.

A *Salberg.*

A *Locfafen*, paroiffe de Schewi, dans la Dalécarlie.

Sur la montagne de la *Drouveire*, dans les Alpes de Dauphiné.

A *Joachimfthal*, en Bohême, &c.

Variété 3.

Trapp d'un noir gris de fer foncé, quelquefois un peu bleuâtre, d'un grain sec, dur, & un peu âpre au toucher, nullement attirable à l'aimant, ne donnant que peu d'étincelle avec l'acier. On peut le rapporter,

Au *trapezum nigrescens*, & au *trapezum cærulescens particulis acerosis*, de *l'index fossilium*, de de Born. pag. 151.

Au *corneus trapezius solidus*, *griseus aut nigrescens*.

Au *corneus trapezius solidus cærulescens*, de Wallerius, tom. 1. pag. 362. édition de 1772.

Se trouve :

A *Sweizer*, près de *Joachimsthal* en Bohême.

A *Kapnik*, en Transilvanie.

A *Westsilfwberget*.

A *Salberg*.

A *Risberge*.

A *Peyre-niere* , dans les Alpes du Dauphiné.

A *Doodmill* , en Ecoſſe.

A *Autun.*

A *Leſterelle* , &c.

Variété 4.

Trapp verdâtre, ou d'un noir tirant ſur le vert, compacte, peſant, dur, faiſant feu avec l'acier, ſec & raboteux, quoiqu'à grain fin, attirable à l'aimant, mais très-foiblement dans quelques morceaux.

Corneus trapezius particulis aceroſis.

Corneus trapezius ſolidus virideſcens. Waller. tom. 1. pag. 362.

Trapezum vireſcens de de Born. p. 151.

On peut rapporter également à cette eſpèce, la pierre dure, verdâtre, à grain fin & ſec, dont on voit pluſieurs ſtatues égyptiennes, deux entre autres dans le beau cabinet de M. le duc de Chaulnes à Paris, apportées par lui d'Egypte , & qui font de la pierre connue fous la dénomination impropre de *bafalte égyptien , antique , verdâtre ,* qui n'eft qu'un véritable trapp (1).

On trouve cette efpece :

Aux *monts Crapaths ,* en Hongrie.

A *Mofgrufwan.* A *Norberg.*

Près de *Doodmill ,* entre *Cornill &* *Tirlefton ,* en Ecoffe.

---

(1) Les Egyptiens ont employé dans les ftatues le trapp dur verdâtre , le trapp noir à grain fin , connu des antiquaires fous le nom de pierre de touche, la roche de fchorl noir , attirable à l'aimant , dans laquelle on trouve quelquefois des nœuds de véritable granit de couleur rougeâtre , & prefque toutes ces pierres portent en Italie , parmi les antiquaires, le nom de bafalte noir antique égyptien , il n'y a aucunes de ces pierres de volcaniques, fi ce n'eft celles avec lefquelles on a voulu imiter, même très-anciennement, en Italie les ftatues égyptiennes , ou reftaurer les véritables , & dès-lors , l'on a fouvent employé des laves compactes noires , du véritable bafalte.

A *Utoc*, fur les côtes de Sunder-
manie.

A *Chaillot-le-Viel*, montagne de la
Drouveire.

Dans les *Alpes du Champfaur*, en
Dauphiné.

Variété 5.

Trapp compacte d'un rouge ocreux
à grain plus ou moins fin.

La couleur de cette pierre eft due à
une modification qu'a éprouvé le fer
qui y eft contenu, auffi ce trapp eft
moins dur que les précédens; j'en ai
trouvé cependant quelquefois des
échantillons qui ne fe laiffoient pas
entamer facilement.

Corneus trapezius folidus rubens. Waller. tom. 1. p. 362.

J'ai trouvé cette efpèce de trapp à
Chanel Kirkinn, entre *Cornill* & *Tir-*
lefton, en Ecoffe, en allant à Edinburgh.

Il en exifte des fragmens de toute

grandeur sur la montagne de *Peyre-niere*, dans les Alpes Dauphinoises du *Champsaur*, dans la partie pyramidale de ce haut pic, connue sous le nom de *terres rouges de Touron*.

Variété 6.

Trapp compacte brun foncé, brun violâtre, ou brun rougeâtre.

J'ai recueilli à *Channel-Kirkinn*, en Ecosse, de beaux échantillons de trapp d'un brun violâtre, d'autres morceaux d'un brun foncé, tirant un peu au rouge, adhérens au trapp noir.

Il existe du trapp brun foncé en *Derbyshire*.

Sur la montagne de *Peyre-niere*, dans le *Champsaur*, en Dauphiné.

Les six variétés ci-dessus renferment à-peu-près toutes les roches de trapp compactes simples (1). Je vais passer

------

(1) On pourroit me reprocher, peut-être, que des variétés fondées sur des couleurs, ne

aux trapps compofés, c'eft-à-dire à ceux qui renferment des corps étrangers vifibles.

Variété 7.

Trapps mélangés.

Trapp noir de la variété **2**, ou de la 4e, avec des points de pyrite mar-

---

fauroient être caractériftiques, & l'on auroit certainement raifon, s'il sagiffoit de pierres qui euffent des formes cryftalines régulières, car je penfe, avec les meilleurs auteurs, que dans les *pierres gemmes* la couleur eft le caractère le plus vague & le plus trompeur, puifqu'il y a des pierres fines, telles que ce'les qui exiftent dans le favant cabinet de M. Deromé de Lifle, & dans la belle collection de M. Dogni, dont un feul cryftal offre le bleu du faphir, le rouge du rubis, le jaune de la tropoze, en zones féparées fur un fond de la plus belle eau, & ces curieufes pierres d'Orient font de véritables faphirs, d'où il faut conclure qu'il y a des faphirs rouges, jaunes, bleus & couleur d'eau, ainfi dans ce cas, la couleur ne doit être

tiale, & quelquefois de pyrite cui-
vreufe immifcés dans la pierre ; ordinairement ces pyrites font vifibles à
l'œil nud, mais on en rencontre fou-

---

comptée pour rien , parce qu'il exifte d'autres
caractères indélébiles dans ces gemmes; mais
lorfqu'il s'agit d'une roche mélangée de différentes matières, formée par une aggrégation
tumultueufe dans le fein de l'antique océan, &
que néanmoins les pierres qui en réfultent,
ont, outre leurs caractères chymiques, un
afpect conftant qui permet de les diftinguer
d'autres pierres , dès - lors le naturalifte doit
s'attacher à tous les caractères, même à celui
de la couleur ; c'eft ici le cas des trapps , qui
devant leur principe colorant au fer, fuppo-
fent une altération dans ce minéral toutes les
fois qu'il fe préfente fous des teintes tran-
chantes & variées , & par conféquent cet
accident ne doit pas être négligé. Au refte je
ne prétends pas foumettre , par cet arrange-
ment méthodique, la nature à des fyftêmes ;
je cherche fimplement à en faciliter l'étude
dans un fujet auffi difficile que celui que je
traite.

vent où les molécules pyriteuses sont fines & si atténuées, qu'il faut une bonne loupe pour les découvrir, c'est probablement à leur efflorescence qu'il faut attribuer la décomposition spontanée de certains trapps, tels que plusieurs de ceux du Derbyshire, qui perdent leur dureté à l'air, & s'y réduisent en une espece de matière argileuse, dont la couleur s'altère en peu de tems.

On trouve également du trapp grisâtre, ou d'un gris verdâtre, avec des points pyriteux.

Sur la montagne de *Peyre-niere*, dans les *Alpes du Champsaur*, en Dauphiné.

A *Locfasen*, paroisse de Schewi, dans la Dalécarlie.

A *Hunneberg*, en Westrogothie.

Variété 8.

Trapp noir à grain sec & fin, avec

de l'argent natif, en filet & en petites
lames, de Westrogothie.

J'ai vu un très-bel échantillon de ce
trapp, riche en argent, dans la superbe
collection de messieurs Forster, à Paris.

Variété 9.

Trapp verdâtre, dur lorsqu'il est
dans l'intérieur de la montagne, mais
s'effleurissant & tombant en *détritus* à
l'air, mêlé de petits filons de plomb en
galène, de *Castleton*, en Derbyshire.

Variété 10.

Toad - stone.

Trapp brun, verdâtre, ou d'un noir
violâtre, à pâte plus ou moins dure,
plus ou moins fine, mêlée de beaucoup
de petits noyaux de spath calcaires,
blancs, & quelquefois un peu verdâtre, arrondis ou ovales, quelquefois détruits sur la surface du trapp,
jusqu'à une certaine profondeur, offrant alors une multitude de cellules
vuides,

vuides, & imitant en cet état une lave poreuse, de manière à tromper le naturaliste le plus exercé, si on lui présentoit de pareils morceaux isolés. Il est à remarquer que dans d'autres circonstances, la pâte du trapp s'est détruite sur la superficie, sans que le spath calcaire ait été attaqué, il offre des globules protubérans, des espèces de nœuds saillans, qui tranchent sur le fond de la pierre ; c'est alors que les mineurs du Derbyshire lui ont donné le nom de *toad-stone*, qu'il est bon de laisser subsister, & que je préfère à celui de *roche glanduleuse* que je lui avois donné dans ma lettre à M. le chevalier de Lamanon, à l'exemple de plusieurs naturalistes , parce qu'en employant le mot de roche glanduleuse, l'on est obligé d'ajouter à *base de telle ou de telle pierre, ou de telle terre*, tandis que le mot de *toad-stone* signifie seul, *trapp mêlé de corps globu-*

E

leux ; l'on eſt entendu de tous les mineurs en Angleterre , lorſqu'on leur
parle de cette pierre ſous cette dénomination , & on ne le ſeroit pas de
quelle phraſe qu'on ſe ſervît , dans le
Derbyshire , ſi riche en trapp , ſi l'on
employoit un autre nom.

Toad-ſtone de M. Werthurts.

*Trapezum particulis ſpatoſis calcareis
mixtum*, de de Born. pag. 151.

*Trapezum ruſum , fragmentis ſpati
calcarei mixtum.* Id.

*Saxum glanduloſum , baſi corneo tra-
pezio , cum glandulis albis : compoſitum
trapezio nigro.* Wall. Ep. 172.

*Saxum glanduloſum glandulis calca-
reis albis , nominato lapidi incluſis.* Spe.
215. Wall.

Il ſe préſente naturellement ici une
queſtion aſſez embarraſſante , celle de
ſavoir comment le ſpath calcaire s'eſt
introduit dans le trapp : il y a deux
manières aſſez ſatisfaiſantes de rendre
raiſon de ce fait ; la première peut ſe

concevoir en suppofant qu'à l'époque où les différentes matières qui entrent dans la compofition des trapps étoient tenues en diffolution dans les eaux, les molécules calcaires abondantes dans quelques-uns de ces mélanges, auroient été déterminées par les loix des affinités, à fe rapprocher & à fe réunir çà & là en petites portions, où elles ont pris la forme fphérique, ou la forme elliptique, fouvent même une figure très-irrégulière.

M. le chevalier de Dolomieu a traité cette queftion fous un autre point de vue qui peut être également adopté. Voici de quelle manière il s'exprime à ce fujet, dans fon favant catalogue des produits de l'Etna, pag. 425. « Lorfque le fpath calcaire rem-
» plit exactement toutes les cavités
» d'une lave poreufe, elle reffemble
» parfaitement à cette roche compofée
» à bafe de roche de corne, qui ren-

» ferme des grains arrondis de spath
» calcaire. Cette roche que les Alle-
» mands appellent *mandelstein*, (pierre
» amygdaloïde) & que Wallerius dé-
» signe sous le nom de *Saxum glandu-*
» *losum*. Spe. 215. est si semblable aux
» laves de cette espèce, que les cir-
» constances locales peuvent seules les
» distinguer. Je ne suis nullement
» étonné que M. le chevalier de
» Lamanon ait pu s'y méprendre, &
» qu'il ait regardé comme volcanique
» la roche noire à glandes de spath
» calcaire des montagnes de *Champo-*
» *leon*, en Dauphiné; l'illusion devient
» d'autant plus complette, que les blocs
» de cette roche, exposés à l'air, per-
» dent leurs globules calcaires, & res-
» tent avec des pores ronds qui ressem-
» blent parfaitement à ceux des laves
» cellulaires. Outre les circonstances
» locales , je crois cependant avoir
» trouvé une manière de les recon-

» noître : dans ces roches glanduleuses
» naturelles, les globules de spath
» calcaire sont lamelleux ; la direction
» de la lame traverse cette petite sphère,
» qui dans ce sens a une cassure spécu-
» laire ; on y reconnoît donc des frag-
» mens de spath calcaire rhomboïdal,
» arrondis par le roulement & par
» l'usure des angles ; & on voit qu'ils
» ont été enveloppés, sous cette forme,
» dans une matière molle qui s'est
» modelée sur eux ; mais dans les laves,
» les globules sont ordinairement striés
» du centre à la circonférence ; on voit
» qu'ils se sont formés dans la cavité
» qu'ils occupent ».

Quoique cette explication soit ingé-
nieuse, ceux qui porteront leur attention particulière sur l'étude de ces
pierres, s'appercevront qu'elle n'est
pas admissible pour tous les trapps,
car les toad - ston du Derbyshire, la
plupart de ceux qu'on trouve dans le

E 3

torrent du *Drac*, près de Grenoble,
font fi riches en fpath calcaires, & les
globules y font fi rapprochés & fi multipliés, ils font quelquefois auffi fi
petits & fi irréguliers, & en même
tems difféminés d'une manière fi uniforme dans la plupart des morceaux,
qu'il eft difficile alors d'admettre que
ces petits grains, que ces points de
fpath calcaire, aient été roulés & arrondis avant d'avoir été enveloppés
dans la matière du trapp; d'ailleurs,
comme il eft certain qu'on trouve
dans l'intérieur même de certains trapps
de la pyrite cryftallifée, du feld fpath
avec des formes régulieres, & du
fchorl prifmatique dont les angles ne
font pas ufés, pourquoi n'admettrions-
nous pas que le fpath calcaire tenu plus
facilement en diffolution, & fe criftal-
lifant par conféquent plus promptement, & d'une manière rapide & confufe, s'eft féparé des autres matières

à l'époque où les molécules mélangées qui entrent dans la compofition des trapps étoient fufpendues dans le fluide aqueux ; M. le chevalier de Dolomieu nous fournit lui - même des moyens propres à fortifier cette dernière conjecture.

« J'ai vu, dit ce favant minéralo-
» gifte, dans les Pyrénées & dans les
» montagnes de Corfe, des trapps &
» des roches de corne dans lefquels on
» pouvoit fuivre les progrès de la
» formation du fchorl : d'abord de pe-
» tites écailles à peine perceptibles,
» & diftinctes de leur bafe, enfuite des
» aiguilles, enfin des cryftaux plus ou
» moins parfaits ; il y a de ces roches
» noires, qui dans leurs caffures &
» dans leurs grains, n'offriront pas la
» moindre apparence de fchorl, mais
» qui cependant contiennent déjà
» l'ébauche de leurs criftaux, ainfi
» qu'on le voit fur leurs furfaces, foit

» qu'elles se décomposent à l'air, ou
» qu'elles soient arrondies & usées par
» le cours des eaux. *Description des*
laves de l'Etna, pag. 249.

» Il est certain, dit le même auteur,
» quelques pages auparavant, que dans
» les porphyres, les cristaux de feld-
» spath n'existoient pas avant l'époque
» de la précipitation de leur base ; on
» y suit les progrès successifs de leur
» formation ; on voit que peu-à-peu
» les substances qui leur sont propres
» se rapprochent, s'épurent, & pren-
» nent les formes qui conviennent à
» leurs molécules ; ils étoient comme
» en dissolution dans leurs matrices ,
» & ils ont d'autant plus de facilité à
» se joindre, que la fluidité a été plus
» parfaite , & que le desséchement a
» été plus long ». *Id. pag.* 247.

Variété II.

Trapp noir, ou brun, ou verdâtre,

avec des veines de fpath calcaire blanc,
ou un peu rougeâtre.

Des environs de *Caftleton*, en *Der-*
byshire, où j'en ai rencontré quelques
échantillons.

Du *lit du torrent du Drac*, auprès de
Grenoble.

De *Peyre-niere*, dans les Alpes du
Champfaur, en Dauphiné.

Variété 12.

Trapp d'un noir violâtre ou verdâtre, avec des globules de fpath calcaire blanc, & quelquefois coloré
foiblement en rouge, avec de petits
nœuds fphériques ou ovales de ferpentine terreufe, verte ou noirâtre.

Lapis amygdaloides, Saxum bafi jaf-
pide martiali, cum fragmentis fpathi cal-
carei & ferpentini figura eliptica. Confted.
§. 268.

Se trouve en Norvege ; j'en poffède
un échantillon, recueilli par M. Del-

E 5

huyar à *Gulloen* , dans le même endroit
où Cronsted avoit trouvé son *amygda-*
loïde.

Variété 13.

Trapp brun ou verdâtre , avec des
grains ou des globules de steatite verdâtre , grise , blanche ou jaunâtre ,
sans spath calcaire.

Saxum compositum corneo trapezio
cum immixtis glandulis steaticis. Wall.
tom. I. pag. 424.

En *Westrogothie.*
Dans le torrent du *Drac.*
En *Derbyshyre.*

Variété 14.

Trapp noirâtre fissile à grain fin ,
mêlé de quelques molécules de mica.

Saxum corneo & mica mixtum, Saxum
corneo micaceum fissile colore nigrescente.
Wall. pag. 420. tom. I.

A *Norberg.*
A *Bitsberg.*

A *Salberg.*

A *Doodmill*, entre *Cornhill* & *Tir-leſton*, en Ecoſſe, où je l'ai trouvé adhérent au trapp noir le plus dur.

Variété 15.

Trapp noir ou noirâtre, ou ver-dâtre, avec des grains de quartz demi tranſparent, coloré en noir, en ver-dâtre, & en rouge terne.

De *Doodmill*, en Ecoſſe.

De *Leſterelle*, en Provence.

Variété 16.

Trapp noir ou noirâtre, avec des linéamens de quartz blanc demi tranſ-parent.

De *Peyre-niere*, dans les Alpes du *Champſaur*, en Dauphiné.

Variété 17.

Trapp noir ou d'un noir violâtre, lardé de toutes parts de lames épaiſſes, & de grains irréguliers de feld-ſpath

blanc ou coloré, mat ou luifant, quel-
ques-unes de ces lames & de ces grains
ont une couleur un peu rofe.

*Trapezum fpato fintillante rubefcente
mixtum*, de M. de Born.

Se trouve à *Saaleryd*, à un mille &
demi de *Tonsberg*, en Norvege.

J'en poffède un échantillon pris fur
les lieux par M. Delhuyar.

Variété 18.

Véritable amygdaloïde.

Trapp dur, rougeâtre, lardé d'une
multitude de nœuds affez gros, & la
plupart elliptiques, de feld-fpath jaunâtre brillant; la forme générale de ce
feld-fpath eft telle, qu'elle imite jufqu'à un certain point, des amandes
entières, ou coupées en divers fens,
ce qui eft caufe que Cronfted lui a
donné le nom *d'amigdaloïdes*, & les
Allemands celui de *mandelfteine*.

Cronfted fait au fujet de cette variété

la 268e de cet habile minéralogiste, l'obfervation fuivante ; cette roche a un caractère particulier : *elle eft attirable à l'aimant en la grillant, & tombe affez facilement en efflorefcence à l'air.*

J'en poffède un échantillon que M. Delhuyar a pris à *Saaleryd*, à un mille & demi de *Tonsberg*, en Norvege.

J'ai reftraint le nom d'*amygdaloïdes* aux roches de trapp telles que celles-ci, qui renferment des noyaux elliptiques de feld-fpath, dont la forme ïmite celle d'une amande, quelle que foit la couleur du trapp, ou celle du feld fpath.

Je m'écarte en cela de Cronfted & de plufieurs auteurs allemands qui ont rangé dans la claffe des *amygdaloïdes* les trapps qui renferment du fpath calcaire, dont les noyaux ont en général la forme fphérique, & dont les globules étant protubérans lorfque la pâte du trapp fe détruit à l'air, leur ont fait donner par les mineurs du Derbyshire le nom de *toad-stone* que je leur ai conservé, ayant réservé celui d'*amygdaloïdes* pour le trapp qui renferme du feld-spath dont la figure elliptique ressemble à celles des amandes.

Quoique ces mots en général soient assez mauvais, je les conserverai cependant, d'abord parce qu'ils nous viennent des lieux mêmes, & que personne ne m'a donné le droit de les changer ; d'ailleurs m'occupant ici à débrouiller un sujet difficile, je dois chercher à me faire entendre de tout le monde, particuliérement des étrangers, d'où nous font venues les premières pierres qui font l'objet de ce mémoire ; lorsqu'on veut s'arroger le droit de créer des mots, fussent-ils mille fois meilleurs que ceux qui font admis, l'on préfume beaucoup trop de fes forces, c'eft annoncer qu'on fe fent digne de commander à l'opinion publique.

Variété 19.

Autre amygdaloïde.

Trapp noir ou gris de fer foncé, d'une pâte dure à grain fin & fec, fortement attirable à l'aimant, renfermant une multitude de noyaux elliptiques comprimés de feld-fpath d'un blanc grisâtre un peu châtoyant.

De *Saaleryd*, en Norvege.

On peut fe procurer de beaux échantillons de ces trapps *amygdaloïdes* à Londres même, fur les bords de la Tamife, où plufieurs vaiffeaux fuédois fe débarraffent de leur left ; je fus fort étonné la première fois que je vis cet amas de trapp mêlé avec des porphyres & des granits étrangers à l'Angleterre ; mais j'appris bientôt la manière dont ces trapps arrivoient de Suéde à Londres, où on les emploie pour bâtir ou pour les pavés.

Variété 20.

Autre amygdaloïde.

Même trapp des variétés 16 & 17, mais renfermant, outre les noyaux elliptiques de feld-spath, quelques points ou quelques globules de stéatite noirâtre ; les échantillons que je posséde en ce genre, exhalent une forte odeur terreuse lorsqu'on les humecte avec le souffle.

De *Saaleryd*, en Norvege.

SECTION III.

BRÉCHES A BASE DE TRAPP.

Variété 21.

Bréche à base de trapp, avec des fragmens plus ou moins gros, peu arrondis en général, de véritable granit rougeâtre, ou rose, ou gris, ou d'autres couleurs propres aux granits. Tous ces divers fragmens de granits ont été saisis & enveloppés dans une pâte de véritable trapp noir , gris foncé , verdâtre , ou de toute autre couleur.

En *Weſtrogothie.*

A *Peyre-niere* , dans les Alpes du *Champſaur* , en Dauphiné.

A *Leſterelle.*

Variété 22.

Breche à baſe de trapp , avec des fragmens plus ou moins gros , plus ou moins irréguliers de quartz blanc laiteux , ou de quartz de toute autre couleur.

De *Weſtrogothie.*

De la haute montagne de *Peyre-niere,* dans les Alpes du *Champſaur.*

De *Leſterelle* , en Provence.

Variété 23.

Brêche à baſe de trapp avec des fragmens de pierre calcaire , preſque toujours mêlée d'un peu d'argille , ou de terre quartzeuſe , & quelquefois avec des fragmens de granit.

De *Peyre-niere*, dans les Alpes du *Champsaur*, en Dauphiné (1).

---

(1) M. Prunelle de Liere, naturaliste très-instruit, résidant à Grenoble, est le premier qui ait bien observé cette brèche. Voici comment il s'exprime à ce sujet, dans un excellent mémoire qu'il a publié sur la montagne de *Peyre-niere*. Journal de physique, *tom. 25.* ann. 1784. pag. 179. « Outre les substances
» dont nous venons de parler, ce ciment
» argileux, (c'est-à-dire le trapp,) renferme
» encore des fragmens graniteux & calcaires,
» dont les angles sont pour l'ordinaire très-
» peu arrondis ou usés, de manière que cette
» pierre constitue alors une véritable brêche,
» susceptible d'un assez beau poli, dont on
» voit des couches considérables. Les frag-
» mens calcaires de la brêche de *Peyre-niere*
» sont une pierre grise d'un grain fin, uni,
» très-égal, mat & sans brillant pour l'ordi-
» naire ; lorsqu'on les met dans l'eau forte,
» ils font une effervescence assez vive, &
» après la dissolution , ils laissent un dépôt
» non soluble argilleux ».

Variété 24.

Brêche à bafe de trapp avec des fragmens de roche argilleufe noire, feuilletée, dure, avec mica, ou fans mica ; quelques-uns de ces fragmens font rapprochés eux-mêmes des trapps durs.

De la montagne de *Peyre-niere.*

De la montagne de *Tarrare* , entre Lyon & *Roane.*

Variété 25.

Brêche à bafe de trapp , avec des fragmens de granits , de fchifte argilleux feuilletée , plus ou moins dur , de pierre calcaire plus ou moins pure , ou plus ou moins marneufe. Ces trois matières réunies ou combinées en tel ou tel nombre.

De la montagne de *Tarrare.*

De *Peire-niere.*

Variété 26.

Brêche à bafe de trapp , avec des fragmens plus ou moins gros , plus ou moins anguleux, de roche porphyrique de telle ou de telle couleur, pris & enveloppés dans la matiere du trapp.

De la montagne de *Lesterelle*, en Provence.

Variété 27.

Brêche composée de fragmens de trapp plus ou moins anguleux, plus ou moins dur, & à grain plus ou moins fin, de telle ou de telle couleur, réunis & cimentés par une pâte dure formée par un mélange de suc quartzeux & de molécules très-fines de trapp disséminés dans la matière du quartz.

De la montagne de *Tarrare*, entre *Lyon* & *Roane*, où les échantillons de cette variété sont rares.

Variété 28.

Trapp avec schorl.

J'ai décrit dans ma lettre à M. le chevalier de Lamanon, insérée dans son livre sur la *vallée du Champsaur & la*

montagne de Drouveire, pag. 78, nº. 5.
un trapp d'un noir foncé, envoyé de
Locfafen, paroiffe de Schewi, dans la
Dalécarlie, fous le nom de *roche de
corne dure, noire, luifante*, dans lequel
j'avois cru reconnoître quelques élémens de fchorl; j'avois auffi fait mention, à la page 97, nº. 6. d'un trapp de
l'ifle *Dutoc*, en *Sudermanie*, dont l'é-
chantillon verdâtre, dur, faifant feu
avec l'acier, & fortement attirable,
étoit recouvert fur une de fes faces
d'un fchorl fpatique, verdâtre, lame-
leux, dur, attirable lui-même à l'aimant, très-étroitement uni à la pierre
de trapp; mais ce fchorl qui n'étoit
que fur la furface, pouvoit bien être
de formation poftérieure à la pierre.

Comme dans tous les trapps que j'ai
vu en Ecoffe, ou dans le Derbyshire,
& dans les Alpes du Champfaur, en
Dauphiné, ainfi que dans les échantillons de ceux de Weftrogothie & de

plusieurs autres parties de la Suéde, je
n'ai jamais vu du schorl caractérisé,
dans la pâte même du trapp ;(1)je n'ose
annoncer ici le schorl dans le trapp
qu'avec beaucoup de circonspection,
du moins comme parlant d'une chose
que j'ai vu moi-même, excepté dans
les deux exemples que je viens de rappeller, & dans les porphyres à base
de trapp, où l'on trouve quelquefois
le schorl noir cristallisé ; cependant
comme quelques auteurs qui paroissent n'avoir pas confondu le trapp avec
le basalte, font mention du schorl dans
le trapp, je vais rapporter ici les passages relatifs à cet objet.

M. le chevalier de Born, pag. 151

---

(1) M. Prunelle de Liere n'en a jamais vu
non plus lui-même dans les trapps du Chamsaur. « Je n'ai apperçu, dit ce naturaliste,
» aucun fragment de schorl dans la pierre du
» *Chatelard*, du *Chapeau* & de *Peyre niere* ».
pag. 179. *Journal de physique*, 1784. *tom.* 25.

de son *index fossilium*, fait mention du

Trapezum cinereum mixtum particulis basaltinis nigris e stiauniza. ad-roniz hung. inf.

Trapezum nigrum particulis spatosis calcareis & basalte crystallissato virescente mixtum, è Kuhgang in einigkeit ad Joakimsthal Boh. ubi wake audit. Id.

M. de Launay, dans son essai sur l'histoire naturelle des roches. *Bruxelles, 1786, in-12, pag. 64,* décrit sous le n°. 54.

Une roche composée de *trapp* & de *schorl* de la manière suivante :

« On rencontre à *Stiavnitza*, près
» de *Ronitz*, en Basse-Hongrie, une
» telle roche dont le trapp, qui est de
» couleur cendrée, renferme des par-
» ticules de schorl noir, & près de
» *Faistritz*, en *Styrie*, l'on trouve une
» roche composée de trapp d'un gris
» bleuâtre, lequel contient du schorl
» noir crystallisé.

Cet auteur fait mention également n°. 55, pag. 65, d'une roche composée de *trapp*, de *schorl* & de *spath calcaire*.

« Cette roche, dit M. de Launay, se » trouve à *Kuhgang*, dans la mine nom- » mée *Leinigkeit*, à *Joachimsthal*, en » Bohême ; elle s'y montre sous la » forme d'un filon fort régulier ; son » épaisseur va depuis celle de quelques » pouces jusqu'à une étendue de qua- » rante toises ».

SECTION IV.

ROCHES PORPHYRIQUES A BASE DE TRAPP.

Les porphyres ont été considérés jusqu'à présent par un grand nombre de naturalistes comme ayant pour base le jaspe rouge, ou vert, ou noir, ou de toute autre nuance, en raison des couleurs de cette pierre.

Cette opinion n'est pourtant pas universelle,

univerfelle , & des favans exercés à obfervcr la nature avec un œil attentif, ont été d'un fentiment contraire.

M. Gmelin a regardé la bafe de certains porphyres comme appartenant plutôt aux *petrofélex* qu'aux *jafpes*.

M. Ferber a très-bien reconnu que le *porfido verde propriamente cofi chiamata* , dont le fond eft d'un verd foncé & prefque noirâtre , & dont les nuances font quelquefois moins fombres & même d'un verd d'herbe très-clair , à un fond qui n'a pas toujours la dureté du jafpe , & qui fe rapproche fouvent de la nature du trapp. Lettre fur la minéralogie de l'Italie, pag. 341.

D'un autre côté , M. de Sauffure, dont on ne révoquera pas en doute les connoiffances profondes en lithologie, après avoir fait mention dans fon voyage dans les Alpes, *tom. 2. pag. 596.* d'une roche qu'il dit être compofée de terre de *feld-fpath* & de *pierra de corne* ,

F

& que je préfume être une variété de trapp, s'exprime ainfi : *quant au fond dur & rougeâtre de cette pierre , il paroît être de la même nature que celui de divers porphyres , qui a été claffé mal-à-propos parmi les jafpes.* Je fuis bien du fentiment de M. de Sauffure , & je vais joindre ici quelques preuves de la facilité extrême avec laquelle les porphyres fe fondent en un verre noir opaque , tandis que les jafpes réfiftent à l'action du plus grand feu connu , même à celui animé par l'air vital, où ils fe ramolliffent à peine.

« Le *porphyre rouge oriental* , dit » M. Erhmann , *dans fon art de fufion* , » *pag.* 229 , 295 , fe fond facilement en » un globule noir marqué de taches » blanches.

» Le porphyre rouge de Geroldfeck » fe fond avec la même facilité , en un » pareil globule, avec moins de taches » blanches.

» Le porphyre rouge , *dit M. Lavoi-*

» *sier*, *pag. 289.* exposé au feu à 11ʰ 4ᵐ
» 8 sec. a commencé à se ramollir à
» 5ᵐ 30 sec., & bientôt après il a fondu
» complettement en un globule rond
» caverneux : ce verre refroidi étoit
» noir opaque , il avoit un peu de
» transparence vers les bords , & il
» avoit la couleur du gros verre de
» bouteille ; sa surface , vue à la loupe ,
» avoit le poli du verre ; on y remar-
» quoit des taches blanches en quel-
» ques endroits , & de petites bulles.
» Le *porphyre vert*, exposé au feu à 11ʰ
» 23ᵐ 40 sec. , étoit fondu complet-
» tement à 24ᵐ 5 sec., il s'est formé en
» globule rond qui bouillonnoit.

» Le globule cassé s'est trouvé être
» un verre blanc par places & demi
» transparent , noir & opaque dans
« d'autres , & à-peu-près semblable
» à du verre de bouteille ».

Voyons actuellement de quelle manière se comporte le jaspe dans les
mêmes circonstances. F 2

« *Jaspe gris veiné de rouge.* Le mor-
» ceau mis en expérience a été exposé
» au feu à 2^h 27^m 0 fec. & en a été
» retiré à 29^m 35 fec.; il a blanchi,
» s'est déformé, s'est gonflé, est devenu
» poreux, & a formé un réfultat femi-
» vitreux, d'un blanc grisâtre.

» On a été curieux de reconnoître fi
» la fufion feroit plus complette en
» employant un plus grand courant
» d'air vital, & en conféquence le
» même morceau de jafpe a été expofé
» de nouveau au feu pendant deux mi-
» nutes, en employant un plus gros
» ajutoir; mais il n'a pas été plus ra-
» molli que la première fois, peut-être
» même l'a-t-il été moins; réfroidi &
» vu à la loupe, fa furface étoit abfo-
» lument vitreufe & couverte de pe-
» tits bouillons ou bulles; l'intérieur
» avoit une apparence quartzeufe. Il
» paroî que dans toutes ces pierres la
» matière colorante s'évapore, &

» qu'elles deviennent de moins en
» moins fusibles, à mesure qu'elles en
» sont mieux dépouillées ».

*Mémoire de M. Lavoisier, inséré dans
la traduction françoise de l'ouvrage de
M. Ehrmann, pag. 256.*

« *Jaspe fleuri.* Il a été exposé au
» feu pendant 1 min. 45 sec.; pendant
» cet intervalle il s'est ramolli par
» places, il a bouillonné, & est devenu
» d'une consistance pâteuse, sans se
» fondre ». *Id. pag. 258.*

M. le chevalier de Dolomieu, dans
son voyage aux isles de Lipari, a fait
une observation très-remarquable sur
les feld-spaths des porphyres, qui résis-
tent tous à l'action du feu des volcans,
tandis que leur pâte est convertie par
ces mêmes feux en émail.

« Le feld-spath des granits, qui cons-
» titue en quelque sorte leur base, dit
» cet habile naturaliste, est une des
» matières les plus fusibles de la nature,

F 5

» & c'est elle qui détermine la fusion
» du quartz ; le feld-spath des por-
» phyres paroît au contraire très-re-
» fractaire, le petro-silex & la roche
» de corne qui le renferment passent
» souvent à l'état de verre parfait, sans
» qu'il ait été dénaturé ». *Voyages aux
isles de Lipari , pag.* 109.

Cette observation qui est très-
exacte , & que j'ai été à portée de véri-
fier plusieurs fois, dans l'examen de
certaines laves auxquelles j'ai donné
le nom de *laves porphyriques*, dans la
minéralogie des volcans, sert à démontrer que la fusibilité des porphyres
n'est pas due aux cristaux de feld-spath
qui sont si abondamment répandus
dans cette pierre , puisqu'ils restent
infusibles non-seulement dans le feu
des volcans , mais même lorsqu'on
fond le porphyre à l'aide de l'air vital
ou air déphlogistiqué, qui produit un
coup de feu si actif; l'on voit alors les

grains blancs du feld-fpath qui refu-
fent de fe mêler avec la pâte fondue
du porphyre convertie en émail noir.

En voilà peut-être beaucoup trop
pour faire voir que non-feulement
tous les porphyres ne font pas à pâte
de jafpe, mais qu'il feroit peut-être
très-difficile d'en trouver qui euffent
cette matière feule & pure pour bafe.

J'ai fait mention des trapps qu'on
trouve fur diverfes parties de la montagne de *Tarrare*, entre *Roane* & *Lyon*,
on en rencontre quelques couches,
où ce trapp, du plus beau noir, eft
mélangé de criftaux blancs de feld-
fpath, & c'eft alors un porphyre noir
fufceptible d'un très-beau poli ; j'en
poffède des échantillons où la moitié
du morceau eft de trapp pur, & le
refte de porphyre, & comme ces acci-
dens font multipliés, & que le fond
de l'une & l'autre pierre eft abfolu-

ment le même, on ne peut pas soup-
çonner que ce sont des fragmens de
porphyre, accidentellement unis par
la nature à la roche de trapp.

Je ne disconviens pas qu'il ne puisse
y avoir du porphyre dont la base ré-
fractaire soit de toute autre nature que
celle des trapps ; mais comme il est
incontestable que la plus grande partie
des porphyres a pour base le trapp, je
dois, pour completter l'histoire de
cette dernière pierre, faire mention
ici des porphyres dont la pâte fusible
est de la même nature que celle que
j'ai fait connoître en décrivant les diverses variétés de trapp.

Variété 29.

Porphyre à fond rouge & à base de
trapp, dont la couleur est plus ou
moins claire, plus ou moins foncée,
& tire plus ou moins sur le violet ou
sur le rose, dont les cristaux de feld-
spath blanc sont d'une couleur plus ou

moins égale , & d'une criftalifation en parallelle-pipede plus ou moins régu-liere.

Porphyre rouge antique.
Porphyre égyptien.
Porphyre de Corfe.
Porphyre de Lefterelle.

On a vu que la variété de trapp fimple que j'ai décrit fous le n°. 5 , eft de couleur rouge : s'il y exiftoit du feld-fpath criftallifé , elle formeroit un vrai porphyre.

Variété 30.

Même porphyre à bafe de trapp , dans lequel on trouve outre le feld-fpath quelques points , & même quel-ques petits criftaux de fchorl noir.

Des mêmes lieux.

Variété 31.

Porphyre à bafe de trapp brun ; on peut le rapporter pour le fond au trapp brun violâtre , ou brun rougeâtre ho-mogène de la variété 6 : les taches de

F 5

feld-spath font souvent verdâtre dans ce porphyre.

Variété 32.

Porphyre à base de trapp à fond gris de fer, dont les criftaux de feld-fpath font un peu gros, mais bien prononcés ; la base & les criftaux même font quelquefois tachés de points de fchorl noir. Cette belle variété fe trouve quelquefois parmi les cailloux roulés des environs de *Montelimar*, en *Dauphiné*.

Variété 33.

Porphyre à base de trapp noir, ne diffère du porphyre rouge que par la couleur ; c'eft le *porfido nero des italiens*, avec de petites taches blanches de feld-fpath oblongues ou criftallifées, en parallelle-pipède : il exifte de grandes colonnes de ce porphyre dans l'églife *d'elle tré Fontane*, hors de la porte *di S. Paolo* de Rome. On en trouve fur la montagne de *Tarrare* des échantillons moitié porphyre & moitié trapp.

Je réunis sous cette même variété le *serpentino nero antiquo*, qui ne différe du *porfido nero* qu'en ce que les taches oblongues, ou en paralelle - pipede sont souvent d'un blanc verdâtre, ou d'un verd clair semblable à celles du *serpentin antique*.

L'on en voit un beau vase dans le cabinet de M. le duc de Chaulnes à Paris, & une petite colonne à gauche de l'une des portes d'entrée de l'église de *Saint-Prassede*, à Rome.

Il faut prendre garde de ne pas confondre cette variété avec une lave porphyrique qui y ressemble assez, mais dont le fond est volcanisé.

Variété 34.

Porphyre à base de trapp d'un verd foncé, en rapport avec le trapp de la variété 4. Ce porphyre est le *porfido*

verde propriamente così chiamato des ita-
liens ; je ne saurois mieux faire que de
rapporter ici ce qu'en dit M. Ferber.
« Le fond de ce porphyre, dit ce natu-
» raliste, est d'un verd foncé & presque
» noirâtre ; quelquefois ses nuances
» sont moins sombres & même d'un
» verd d'herbe très-clair ; ce fond n'a
» pas toujours la dureté du jaspe ; il se
» rapproche souvent de la nature du
» *trapp*, si bien qu'on pourroit le ra-
» cler avec un couteau, les taches en
» sont blanches, mais irrégulières ; on
» trouve ce porphyre par morceaux
» détachés dans les fossés, les vignes
» des environs de Rome ; mais ils sont
» rares & petits, de manière qu'on ne
» peut pas s'en servir à la décoration
» des édifices. *Ferber*, *pag. 341.*

Se trouve en *Norwege.*

En *Corse*, &c.

Variété 35.

» *Porphyre à fond verd foncé de la*

» *nature du trapp*, avec de petites taches
» blanches, ferrées, oblongues comme
» du fchorl , rarement d'une figure
» régulière ou déterminée , mais en-
» trelacées les unes dans les autres, &
» repliées comme de petits vers. Les
» ouvriers nomment cette variété *por-*
» *fido verde fiorito. Ferber , pag.* 342.

Variété 36.

» *Porphyre d'un verd clair de la nature*
» *du trapp* , avec de petites taches
» oblongues , blanches, de figure dé-
» terminée , & détachées les unes des
» autres , & de petits rayons de fchorl
» noir. Il y en a dans la cathédrale de
» Sienne auprès du baptiftère , une
» colonne ». *Ferber , lettres fur l'Italie,*
pag. 342.

Variété 37.

Roche porphyrique à bafe de trapp ,
dans laquelle le feld-fpath rougeâtre ,
gris , brun ou blanc, le quartz opaque
ou tranfparent, coloré ou fans couleur,

& le fchorl noir , & quelquefois de la ftéatite en grains plus ou moins gros & irréguliers , font réunis & mélangés d'une manière confufe.

Cette roche porphyrique fe trouve quelquefois en grande maffe , fouvent en couches , & dans quelques circonftances en prifmes comme les bafaltes.

Se trouve fur un des revers de la montagne de *Tarrare*.

Dans les environs du bourg de *Saint-Symphorien-de-Lay* , en Beaujolois , & non loin du château de la Verpillière.

Sur la montagne nommée *Wildberg*, près de la ville de *Schonau* , dans le duché de Javer, en Siléfie , décrite par M. Gerhard , dans le 5e tome des actes des naturaliftes de Berlin.

Des critiques défapprouveront, peut-être, que dans cet effai j'aie rangé les porphyres à la fuite des trapps compofés ; mais après avoir établi que leur bafe n'eft pas de jafpe, le trapp amygdaloïde dont la pâte eft un véritable trapp, m'a forcé d'admettre cette nouvelle filiation ; l'amygdaloïde ne diffère du porphyre, fi toutefois ce n'en eft pas un, qu'en ce que le feldfpath au lieu d'être criftallifé en petits paralléle-pipedes, eft difpofé en efpèces de criftaux elliptiques, comprimés & irréguliers.

D'ailleurs la fufibilité des porphyres, indépendante du feld-fpath, eft égale à celle du trapp ; le verre noir femblable qui en réfulte par la fufion, le degré de dureté & de pefanteur du trapp & des porphyres, qui eft fouvent le même dans les efpeces rapprochées, &c. font autant de circonftances qui concourent, felon moi, à établir cette analogie, & j'aurois cru n'avoir donné qu'une hiftoire naturelle incomplette des trapps, fi j'avois négligé de faire mention des porphyres.

Malgré cela rien n'empêche que si on rencontroit diverses espèces de porphyres qui eussent pour base une matière étrangère aux trapps, on en fit une classe séparée, en y joignant même ceux que j'ai décrits, afin de completter l'histoire des porphyres, c'est ainsi qu'il seroit nécessaire d'avoir dans ce moment une description exacte de tous les granits.

J'espère aussi qu'on ne me reprochera pas d'avoir confondu les trapps avec les roches de schorls plus ou moins dures, parmi lesquelles on trouve le schorl spathique, le schorl écailleux, le schorl argileux, le schorl à grain fin, le schorl cristallisé, &c. de quelle couleur que soient ces pierres.

J'ai considéré les schorls sous quelque forme qu'ils se trouvent, comme appartenant à un genre de pierre différent des trapps ; ils peuvent venir à la ſuite , mais ce ne ſont pas les mêmes pierres , ainſi que je tâcherai de l'établir , dans un ouvrage que je donnerai peut-être quelque jour ſur ce ſujet , & ſi le ſchorl ſe trouve quelquefois en très-petits criſtaux , ou en grains dans quelques porphyres , ou ſur la ſuperficie de quelques trapps , il n'eſt-là qu'accidentellement comme dans certains granits , & non comme matière conſtituante.

Je finis cet eſſai , qui n'eſt déjà que trop long , par la table ſynoptique de tous les trapps que j'ai décrits.

TABLE SYNOPTIQUE

De toutes les espèces & variétés
de trapps.

SECTION PREMIÈRE.

TRAPPS HOMOGÈNES.

VARIÉTÉ PREMIÈRE.

Trapp homogène noir.

TRAPP noir homogène, étincelle avec l'acier, point d'effervescence avec l'acide, attirable à l'aimant.

Corneus trapezius niger solidus, aut corneus trapezius solidus, griseus aut nigrescens. Waller. syst. t. 1. édit. 1778, p. 361.

VARIÉTÉ 2.

D'un noir foncé.

Trapp compacte homogène d'un

noir foncé, à grain fin, point d'étincelle avec l'acier, odeur terreuse avec le souffle, point attirable.

Corneus trapezius colore nigrescente, vel obscuro, reliquis paulo durior. Wall. tom. 1. pag. 363.

Trapezum nigrum particulis impalpafilibus lapys lydius. De Born. pag. 151.

VARIÉTÉ 3.

Gris de fer foncé.

Trapp compacte homogène, d'un noir gris de fer foncé, ou un peu bleuâtre, grain dur & sec, point d'étincelle avec l'acier, point attirable à l'aimant.

Trapezum nigrescens, aut cærulescens particulis acerosis index fossil. De Born. p. 151.

Corneus trapezius solidus, griseus aut nigrescens.

Corneus trapezius solidus cærulescens. Wallerius, tom. 1. p. 362.

VARIÉTÉ 4.

Verdâtre ou d'un noir tirant sur le verd.

Trapp compacte homogène, verdâtre, ou d'un noir tirant sur le verd, étincelant avec l'acier, attirable à l'aimant, à grain sec & raboteux.

Corneus trapezius particulis acerosis.

— *Solidus viridescens.* Waller. t. 1. p. 362.

Trapezum virescens. de Born. p. 151.

VARIÉTÉ 5.

Rougeâtre.

Trapp compacte homogène, rougeâtre, à grain plus ou moins fin.

Corneus trapezius solidus rubens. Wall. tom. 1. p. 362.

VARIÉTÉ 6.

Brun foncé, violâtre, ou brun rougeâtre.

Trapp compacte, brun foncé, brun violâtre, ou brun rougeâtre.

SECTION II.

TRAPP MÉLANGÉS.

VARIÉTÉ 7.

Trapp avec pyrites.

Trapp noir de la variété 2 ou 4, avec pyrite martiale ou cuivreuse.

VARIÉTÉ 8.

Trapp noir avec argent natif.

Trapp noir avec de l'argent natif, capillaire, & en lames, de Norwege.

VARIÉTÉ 9.

Trapp brun avec galene.

Trapp brun verdâtre, avec du plomb en galène, de Derbyshire.

VARIÉTÉ 10.

Toad-ftone.

Toad-ftone avec des globules de ſpath calcaire.

Trapp brun, verdâtre, ou d'un noir

violâtre, avec des globules de fpath calcaire.

Toad-ftone de M. Werthurts.

Trapezum particulis fpatofis calcareis mixtum. de Born. pag. 150.

Trapezum rufum, fragmentis fpati calcarei mixtum. Id.

Saxum glandulofum, bafi corneo trapezio, cum glandulis albis. Wall. Ep. 172.

VARIÉTÉ 11.

Toad-ftone avec une veine de fpath calcaire.

Trapp noir, ou brun, ou verdâtre, avec des veines de fpath calcaire, blanc, ou un peu rougeâtre.

VARIÉTÉ 12.

Toad-ftone avec fpath calcaire & ferpentine.

Trapp d'un noir violâtre, ou verdâtre, avec des globules de fpath calcaire, & de petits nœuds fphériques ou ovales, de serpentine terreuse, verte ou noirâtre.

Lapis amigdaloides, Saxum basi jaspides martiali, cum fragmentis spathi calcarei & serpentini figura eliptica. Cronst. §. 268.

VARIÉTÉ 13.

Trapp avec des globules de stéatite.

Trapp brun ou verdâtre, avec des grains ou des globules de stéatites, verdâtre ou grisâtre, blanche ou jaunâtre, sans spath calcaire.

Saxum compositum corneo trapezio cum immixtis glandulis steaticis. Wall. pag. 424. tom. 1.

VARIÉTÉ 14.

Trapp avec mica.

Trapp noirâtre, fissile à grain fin, mêlé de quelques molécules de mica.

Saxum corneo & mica mixtum, Saxum corneo micaceum fissile colore nigrescente. Wall. pag. 420. tom. 1.

VARIÉTÉ 15.

Trapp avec quartz noir, verdâtre ou rougeâtre.

Trapp noir, ou noirâtre, ou verdâtre, avec des grains de quartz demi transparent, coloré en noir, en verdâtre, ou en rouge terne.

VARIÉTÉ 16.

Trapp avec des linéamens de quartz blanc.

Trapp noir, avec des linéamens de quartz blanc demi transparent.

VARIÉTÉ 17.

Trapp avec des grains de feld-spath.

Trapp avec des lames & des grains irréguliers de feld-spath, blanc ou coloré, mat ou luisant.

Trapezum spato sintillante rubescente mixtum. de Born. pag. 151.

VARIÉÉ

VARIÉTÉ 18.

Amygdaloïde.

Trapp amygdaloïde rougeâtre , avec du feld-spath imitant des amandes.

Trapp dur , rougeâtre , avec des nœuds elliptiques de feld-spath , dont la forme imite celle des amandes.

Ϝ C'est le véritable *amygdaloïdes de* Cronsted.

Le *mandelstein* des allemands.

VARIÉTÉ 19.

Autre amygdaloïde.

Trapp amygdaloïde à fond noir ou gris de fer.

Trapp noir ou gris de fer foncé, d'une pâte dure à grain fin & se c , attirable à l'aimant , avec des noyaux elliptiques en forme d'amande , d'un blanc grisâtre un peu châtoyant.

G

VARIÉTÉ 20.

Autre amygdaloïde.

Trapp amygdaloïde mêlé de stéatite.

Trapp des variétés 18 & 19, avec des noyaux elliptiques de feld-spath & des globules de stéatite.

SECTION III.

BRÉCHES A BASE DE TRAPP.

VARIÉTÉ 21.

Bréche granitique à base de trapp.

Bréche à base de trapp noir, ou de toute autre couleur, avec des fragmens de granit.

VARIÉTÉ 22.

Bréche de quartz à base de trapp.

Bréche à base de trapp avec des fragmens de quartz.

VARIÉTÉ 23.

Bréche calcaire à base de trapp.

Bréche à base de trapp, avec des fragmens de pierre calcaire.

VARIÉTÉ 24.

Bréche de schiste argilleux micacé à base de trapp.

Bréche à base de trapp avec des fragmens de schiste argilleux dur, mêlé de mica.

VARIÉTÉ 25.

Bréche granitique, schisteuse & calcaire, à base de trapp.

Bréche à base de trapp, avec des fragmens de granits, de schiste argilleux feuilleté, & de pierre calcaire.

VARIÉTÉ 26.

Bréche porphyrique à base de trapp.

Bréche à base de trapp, avec des fragmens de roche porphyrique.

VARIÉTÉ 27.

Bréche de trapp réunie par une pâte quartzeuse.

Bréche composée de fragmens de trapp réunis par une pâte quartzeuse, colorée par de la terre de trapp.

VARIÉTÉ 28.

Trapp avec schorl.

Trapp avec schorl.

SECTION IV.

ROCHES PORPHYRIQUES A BASE DE TRAPP.

VARIÉTÉ 29.

Porphyre rouge à base de trapp.

Porphyre rouge à base de trapp ; avec de petits cristaux de feld-spath en parallele-pipede , en rapport avec la variété 5 du trapp à fond rouge.

VARIÉTÉ 30.

Id. avec feld-spath & schorlnoir.

Même porphyre , avec feld-spath & schorl noir.

VARIÉTÉ 31.

Porphyre brun à base de trapp.

Porphyre à base de trapp à fond

brun, en rapport avec la variété 6 du trapp à fond brun violâtre.

VARIÉTÉ 32.

Porphyre gris à bafe de trapp.

Porphyre à bafe de trapp à fond gris, en rapport avec la variété 3 du trapp homogène gris de fer foncé.

VARIÉTÉ 33.

Porphyre noir à bafe de trapp.

Porphyre à bafe de trapp noir, à petites & à grandes taches, de feld-fpath.

VARIÉTÉ 34.

Porphyre verd à bafe de trapp.

Porphyre à bafe de trapp d'un verd foncé, en rapport avec le trapp de la variété 4, à taches blanches irrégulières, de feld-fpath.

VARIÉTÉ 35.

Porphyre verd foncé, feld-fpath & fchorl noir.

Porphyre verd foncé, à bafe de

trapp, avec feld-spath & schorl noir.

VARIÉTÉ 36.

Porphyre verd clair, petits cristaux de feld-spath & de schorl noir.

Porphyre d'un verd clair à base de trapp, avec de petits cristaux de feld-spath de figure déterminée, & de petits cristaux de schorl noir irréguliers.

VARIÉTÉ 37.

Porphyroïde avec des grains irréguliers de feld-spath, de schorl & de quartz.

Roche porphyrique à base de trapp, avec des points de feld-spath, de quartz de diverses couleurs, & de schorl, de figure indéterminée.

Le porphyroïde à base de trapp est souvent disposé en prisme, comme le basalte.

Fin de la Table synoptique.

TABLE
DES MATIÈRES.

A.

Chaillot-le-Vieil, montagne des hautes Alpes du Champfaur, en Dauphiné, fur laquelle il exifte des dépôts confidérables de trapp, à 1400 toifes fur le niveau de la mer ; M. le chevalier de Lamanon avoit regardé ces trapps comme des laves, & avoit cru reconnoître un volcan dans cette partie des Alpes ; il fit imprimer un mémoire à ce fujet, avec une carte de cette montagne, en 1784, *in-8°*. Paris, rue & hôtel Serpente ; mais ayant reconnu peu de tems avant fon départ pour le voyage autour du monde ordonné par le roi, que les pierres de *Chaillot-le-Vieil* & de la Drouveire, n'étoient que des trapps, il avoua très-noblement fon erreur, fupprima le livre dont il ne laiffa fubfifter que douze exemplaires. 34

D.

Derbyshire, des trapps du Derbyshire. 7 & 17.

E.

Ecoffe, des trapps d'Ecoffe. 13
Egyptiens, les Egyptiens ont employé le trapp verdâtre, à grain dur & fec, ainfi que le trapp noir dur, pour leurs ftatues, à la

rentes fynonimies. 1. Définition du trapp par Cronfted. 3. Par Wallerius. *Ibid.* De la pofition locale des différentes efpèces de trapp, chap. II. 10. On les trouve difpofés en prifmes. 2, 11, 16 & 21. En tables. 14. En boules. 21. En couches & en filons. 16. Trapp cat-dirt à Caft-leton, avec de la galène. 27. Le trapp cat-dirt perd fouvent fa dureté & fa couleur à l'air, il forme alors une efpèce de pâte argileufe blanche. 29. D'autres fois il perd fa couleur en confervant fa dureté. *Ibid. à la note.* On trouve le trapp à de grandes hauteurs, il exifte à 1400 toifes fur le niveau de la mer, dans les Alpes du Dauphiné. 31. De l'analyfe des trapps. 54. Meffieurs Bergman, Kirwan & Ehrman ont confondu fouvent les trapps avec les bafaltes. 55 *& fuiv.* Analyfe de diverfes efpeces de bafalte comparée à celle de différentes variétés de trapp. 64. La terre de magnéfie eft un peu plus abondante dans les trapps que dans les bafaltes. 72. Des trapps de la montagne de Tarrare. 50. De ceux des Alpes du Champfaur, en Dauphiné. 31. De ceux d'Autun. 52. De ceux de Lefterelle. 43. De ceux d'Ecoffe. 13. De ceux du Derbyshire. 17. De ceux de Suéde. 10.

Trapp noir, dont une partie eft pure & homogène, ne renfermant aucun corps étranger, tandis que l'autre étant femée d'une multitude de cryſtaux de feld-ſpath blanc, donne naiſſance à un véritable porphyre à fond noir. 51. De diverſes eſpèces & variétés de trapp. 81. Des lieux principaux où ſe trouvent les trapps. 85. Trapp avec de la pyrite, *variété 7*. 93. Avec de l'argent natif, *variété 8*. 95. Avec un petit filon de galène, *variété 9*. 96. Trapp amygdaloïde. 108. Trapp avec ſchorl. 116. Avec 'e'd ſpath. 107. Avec globules de ſpath calcaire, véritable toad-ſtone. 96. Avec ſtéatite. 106. Avec du quartz. 107. Bréches à baſe de trapp. 112. Roches porphyriques à baſe de trapp. 120

V.

Variolite du drac. Ce nom a été donné improprement au trapp plein de globules de ſpath-calcaire, ou toad-ſtone. Le nom de *variolite* doit être réſervé pour la véritable variolite de la Durance, *variolites viridis verus*. 9

W.

Weſtrogothie, des trapps de Weſtrogothie. 11 *Win-ſtone*, ce nom a été donné en général en

Ecoſſe aux pierres noires, dures, difficiles à tailler, de quelqu'eſpèce qu'elles ſoient, tantôt au baſalte, tantôt au véritable trapp noir. 8

Whitehurſt, (M.) dans ſon livre ſur la théorie de la terre, a regardé mal-à-propos les trapps du Derbyſhire comme des produits de volcan ; il a d'ailleurs très-bien décrit la poſition de ces mêmes trapps. 17. 62.

Fin de la Table des matières.

E R R A T A.

Page 26 *ligne* 13 , calimine ; *lisez* cala‑
mine.

Page 27 , *ligne* 15 , de Galine ; *lisez* de
Galene.

Page 38 , *ligne* 21 , avec le soufre ; *lisez* avec
le soufle.

Page 60 , *dernière ligne* , le arvail de M.
Ehrman ; *lisez* le travail.

Page 76 , *ligne* 1 & 2 , quelques personnes
qui veulent qu'on leur applaniffent ; *lisez*
qu'on leur applaniffe.

Page 98 , *ligne* 7 , toad‑ftone de M. Wer‑
thurt ; *lisez* de M. Whitehurft.

www.ingramcontent.com/pod-product-compliance
Ingram Content Group UK Ltd.
Pitfield, Milton Keynes, MK11 3LW, UK
UKHW020300180726
13839UKWH00001B/345